All Things Being Equal
Why Math Is The Key To A Better World

数 学 面 前，
人 人 平 等

数学为何能让世界更美好

[加] 约翰·麦顿 (John Mighton) —— 著

柒线 —— 译

上海社会科学院出版社
SHANGHAI ACADEMY OF SOCIAL SCIENCES PRESS

献给

帕梅拉·玛拉·辛哈

（Pamela Mala Sinha）

目 录

CONTENTS 目 录

引 言

对我来说没有什么是容易的。

我是一位数学家，但是在 30 岁之前，我都没有显露出太多数学天资。在中学，我不清楚为什么当我想除以一个分数时必须将分子分母颠倒过来，或者为什么当我在一个负数之上写了平方根符号时，这个数突然就变成了"虚拟的"（尤其当我能看见那数还在那里）。在大学，我的第一门微积分课程几乎挂了。幸运的是，我被钟形曲线[1]救了，它把我原来的分数提高到了 C-。

我也是一位剧作家。我的剧已经在多个国家上演，但我依然不会去读剧评，除非有人告诉我这样做很"安全"。在我早年

---

1 正态分布曲线，指班级所有人的成绩分布。——译者注

的职业生涯中，我犯了一个错误，就是在报纸上翻看了本地两位批评家对我第一部重要作品的看法。在写剧评前，他们彼此应该没有事先商量，但结果一篇题目是《无可救药的混乱》，另一篇则是《乱七八糟》。

我常希望自己能像我心目中的文学与科学偶像那样，他们仿佛能在炫目的灵感之光下写出完美的诗篇或解决棘手的难题。而现在，我是一位职业数学家与作家，我用这种想法安慰自己：我不断进行自我教育，持续努力，为取得今天这样的位置所付出的艰苦奋斗，让我对我们如何实现自己的潜能生出了强烈的好奇心。

缓慢的学习者

从小时候起，我就对自己的智力和学习方式感到着迷。我二十多岁开始教书时，一开始是以研究生的身份教哲学课，然后当了数学导师，我开始对其他人的学习方式着迷。现在，在教过数千名不同年龄段的学生数学和其他学科后，在阅读了大量教育和心理学研究后，我确信，我们的社会大大低估了儿童和成人的智力潜能。

在大学学习期间，我在写作上的表现与我在数学上的表现一样，也没有展现出多少前途。我在创意写作课中得到的分数是 B+——班上最低的分数。我上哲学研究生的第一年里，某个晚上，我读到了诗人西尔维娅·普拉斯（Sylvia Plath）的一本书信集——这是我在帮姊妹照看孩子时在她的书架上发现的。从普拉斯的书信与早期的诗歌中可以看出，她曾以十足的决心来自学写作。十几岁时，她就尽其所能地学习有关诗歌韵律与形式的一切知识。她写十四行诗与六节诗、背诵辞典、阅读神话，也仿写了几十首她喜爱的诗歌。

我知道在那个时代，普拉斯被视最具有原创性的诗人之一，所以我很惊讶，她自学写作的过程看起来竟然如此机械而乏味。在成长过程中，我始终以为，如果一个人天生要成为一位作家或数学家，那么形式完好、深刻重要的句子或方程式，就会从他们脑中直接喷涌而出。我曾面对白纸枯坐许多个小时，等待有趣的东西出现，然而却什么也没有。读过普拉斯的书信之后，我开始希望这里或许会有一条我可以跟随的路径，借此发展出我自己的声音。

在转入写剧本前，我模仿普拉斯及其他诗人的作品数年。那时，我接受了一家辅导机构的工作，以补充我写作的收入。这家机构的老板雇佣我来辅导数学，因为我在大学里学过微积分（我忘了告诉他们我的分数）。在辅导的过程中，我有机会与6 岁到 16 岁的学生们，一次又一次地思考、解决相同的主题与问题。那些我十几岁时曾让我感到困惑的概念（比如为什么一个负数乘以一个负数等于一个正数）渐渐变得清晰，当我发现我能更快地学习新知识时，我的自信心增加了。

　　我的第一批学生中有一个害羞的 11 岁男孩，他叫安德鲁，数学学得非常艰难。6 年级时，安德鲁被安排进了补习班。新老师提醒安德鲁的妈妈不要对她儿子期望过多，因为他似乎有智力障碍，无法在常规的数学课上学习。在我们头两年的辅导中，安德鲁的信心稳步增长，到 8 年级时，他已经转变为数学优等生。我辅导他直至他上 12 年级，但后来我与他失去了联系。直到最近，他邀请我共进午餐。在我们午餐时，安德鲁告诉我，他刚刚得到了数学教授的终身教职。

　　在成长过程中，我总是将自己与那些在数学竞赛中表现优秀的学生比较，他们似乎不费吹灰之力就能学会新的概念。这些学校里遥遥领先的同学，使我觉得自己缺乏学好这门学科所需的天赋。但是现在，在 30 岁时我惊讶地发现，我能如此迅速地学习自己正在教的概念，而在耐心的教学之下，像安德鲁这样从未显示任何数学"天赋"迹象的学生，可以多么容易地在这门课上出类拔萃。我开始怀疑，致使许多人在数学或其他学科上遭遇麻烦的根本原因，是相信天赋以及天生的学术能力层级。

　　早在幼儿园时期，孩子就开始与同龄人比较，并认定某些人在不同学科上"有天赋"或"聪明"。而那些确认自己没天赋的孩子常常会停止关注或者放弃努力（正如我曾经在学校里做的那样）。相比于其他学科，这种问题在数学上可能会更快地恶化，因为在数学中，当你错失了某一步，通常就不可能理解接下来的东西。这一循环是恶性的：一个人失败得越多，他们对自己能力的负面看法就越会得到加强，然后他们学习的效率就会越差。我认为，在导致人们在数学及其他学科上取得不同水平成功的原因中，对天生层级的信仰，远比与生俱来的或天生的能力作用更大。

30 岁出头时，我返回大学学习数学（从本科水平开始），最终我的专业研究获得了加拿大最高的博士后奖学金。与此同时，我的剧本也获得了几项国家文学奖，包括总督文学奖。我不相信自己能做出与我的艺术与智力偶像们相媲美的作品，但是经验显示，我用来训练自己成为作家与数学家的方法——包括刻意练习、模仿、掌握复杂概念及增强想象力的各种策略——的确可以帮助人们提高他们在艺术与科学方面的能力。

当我取得我的数学学位时，我常自问，如果在那个我发现普拉斯书信集的晚上，我从姊妹的书架上选择了另外一本书，我的人生将会如何演绎。我感到幸运的是，自己能重获儿时曾有过的创造与发现新事物的激情，我的父母与家庭也一直鼓励我追随自己的激情。看到我的学生变得在数学上更投入、也更成功之后，我开始觉得我应该做一些事情来帮助那些对自己的能力失去信心的人，以让他们重建自信，并保有自己的求知欲和好奇心。

在我博士学习的最后一年，我说服一些朋友在我的公寓开始一项名为 JUMP（Junior Undiscovered Math Prodigies，意为"未被发现的少年数学奇才"）的免费课外辅导项目。20 年之后，北美已有 20 万学生与教育者将 JUMP 作为他们主要的数学指导课程，这一项目还在欧洲与南美洲得到了发展。它的教学方法是在杰出的认知科学家、心理学家与教育研究者的工作指导及咨询之下发展起来的，其中许多专家你将在本书中遇到。这些方法易于理解和运用，它们会增强你对自己能力的信心，而不是给你匹配某一特定的技巧等级。成人可以用这套方法来帮助孩子更有效地学习任何学科，或者你想自学并开辟新的人生道路，正如我曾做过的那样。

在描述这些方法及支持它们的研究之前，我将更仔细地检视关于智力与天资的一些迷思，正是这些迷思阻碍我们完全发展我们的智力能力，并给我们的社会带来了更大范围的问题。因为人们难以想象可以学好那些他们在学校感到困难的课程，他们也很难想象一般人的大脑所能达到的成就，也因此难以理解当教育不能尽展人们的潜能时给社会带来的巨大损失。对于许多人来说，这种想象的失败会制造出一种自我实现的循环：受挫然后失去机会。为跳出这种循环，我们需要重新检视一些最基本的信念，即"人人平等"或"人生机会平等"究竟意味着什么。

看不见的问题

每一个社会都受困于一些看不见的问题，因为它们是隐形的，因此格外难以解决。一个社会有时直到崩溃才能让阻碍它进步的问题暴露出来，而这一过程可能需要数个世纪之久。

古希腊人曾是非凡的创新者。他们建立了首个民主政治，取得了数量惊人的数学与科学突破。然而这个伟大的进步社会被他们自己看不见的潜在问题妨碍了。即使是公元前400年最开明的思想家，也依然相信女人比男人低等，而奴隶制对于奴隶和奴隶主一样是好的。相当令人寒心的是，亚里士多德写道：有些人天生是主人，而另一些人仅仅适合充当"活着的工具"。古希腊人无法解决他们时代最严重的问题，因为他们无法设想一种更加公平的社会。

过去300多年以来，"无论种族、性别或社会地位，人人生而具有同样的、不可剥夺的权利"，这一观念渐渐被全世界接受。理论上，在多数国家，我们都享有这些同等的权利。

然而在实践中，这些权利并不能在每个人身上都以同等方式得到维护。在世界的很多地方，这些权利对人们生活质量的影响还相当有限。即使在西方民主社会，人们生来具有同等的不可剥夺的选举权，却未必就能享受到同等的社会或经济机会。

这个世界一半的财富由1%的人口占有，同时，即使在发达国家，也还有数以千万计的人食不果腹，或者缺乏适当的医疗保健和卫生设施。我们面临一系列威胁——包括经济动荡、气候变化、宗派暴力与政治腐败——而这些对世界上最贫穷、最弱势的人影响更大。在这样一个世界中，我们很难想象出这样一个社会，人们在任何物质方面生来平等，或是能以同等方式实现他们的基本法律与政治权利。

在创造公平竞争的环境方面，旨在给每个人公平机会的法律与宪法，只取得了部分成功。这是因为，我们社会中最严重的差异并非单纯是法律或政治上的不平等造成的，而是某种更微妙、更普遍的不平等形式导致的，这种不平等很难被看见。这种不平等似乎是社会与政治力量或资本主义缺陷的副产品，但我相信它主要是由于我们对人类潜能的无知而造成的。在发达世界，这种不平等对富人子女的影响和对穷人子女的影响可能同样大（虽然财富的确能帮助缓和其后果）。在许多方面，它都是其他不平等现象的根本原因。我把这种不平等称为"智力不平等"，而且我认为它可以被轻易根除，特别是在科学与数学领域。

在本书中，我将不时引用 JUMP 数学项目中的例子来说明学习与教育的不同原则。但本书不是关于 JUMP 项目的书。我关于人的潜能以及可以解锁这些潜能的教学方法的声明，依据了大量认知科学与心理学的研究，这些都是独立于 JUMP 项目之外的。有朝一日这些研究将被更多人知晓，我们将不得不为自己和孩子在数学与其他课程上设定更高的期望，无论我们是否使用任何特定的数学学习项目。当我们理解并汲取了这类研究的全部含义时，我们现在的信念，这些关于我们智力能力的信念，将看起来过时且有害，就像认为某些人生来为奴而另一些人天生为主的观念一样。而那些自古以来我们一直试图努力克服的问题——这些问题源于我们未能促进智力平等——可能终将得到解决。

第一部分

为什么是数学？

WHY MATH?

第 1 章

适用于 99% 的解决方案

The 99 percent Solution

过去 20 年来，认知科学的研究已经极大改变了科学家看待大脑的方式。研究者发现我们的大脑具有可塑性，在一生的任意阶段都可以学习和发展。与此同时，不断增长的证据显示，绝大多数儿童生来就具有学习任何事物的潜能，特别是当他们被有效的方法教育时。一系列心理学研究指出，专家是学成的而不是天生的，这些研究训练人们发展音乐能力（比如绝对音准），或者显著提高他们的 SAT（美国高中毕业生学术能力水平考试）测试成绩（通过训练让他们更擅长看出类比），这些能力曾被视为是天生的。菲利普·E·罗斯（Philip E. Ross）在《科学美国人》（*Scientific American*）发表的《专家思维》（"The Expert Mind"）的研究调查中指出，这些研究结果对教育有着深远的意义。罗斯写道：与其不断质问"为什么强尼无法阅读"，也许教育者更应该问，"为什么在这个世界上有他不能学会的东西？"[1]

很多人相信数学本来就是困难的科目，只有天生对数字有天赋或早年就展示出数学能力的人才能掌握，但是我将证明数学适合所有年纪的学习者，他们大多都能在其中轻易解锁自己真正的智力潜能。事实上，如果每一个孩子从上学的第一天起，就能被恰当地因材施教，我敢预言，到 5 年级时，99% 的学生都能像目前 1% 的顶尖学生那样学习并喜欢上数学。我也相信，如果用我在这本书中演示的方法来教学的话，绝大多数成人将爱上数学。

当面对与长期所持信念冲突的证据时，人们常常设法无视该证据或进行曲解。心理学家将这种处理冲突的方式称为"认知失调"（cognitive dissonance）。长久以来关于人类学习能力的认识，我们的社会其实一直处于极端的认知失调状态。我记得早在 1990 年代，我就在报纸上读到过关于儿童杰出的智力潜能及年长者大脑惊人的可塑性的文章，此后我也读过很多有关这方面的优秀图书，包括大卫·申克（David Shenk）的《我们都是天才》（The Genius in All of Us），卡罗尔·德韦克（Carol Dweck）的《终身成长》（Mindset），我在自己的著作《才能的神话》（The Myth of Ability）与《无知的终结》（The End of Ignorance）中也写过这个议题。

虽然这些研究公开发表已久，但它们的存在却几乎没有改变人们对自己智力能力的看法，以及在家里、学校或工作场合所受的教育方式，这让我觉得很奇怪。这似乎表明，正如古希腊人无法想象一个人人生而自由的世界，尽管有这些证据，我们也无法想象这样一个世界，在这个世界里，几乎每个人生来就具有可以学习与喜欢任何科目的潜能——包括看似困难的数学与科学。

智力层级使每个人都不那么聪明

为表明我们认知失调状态的程度，让我们来举一个例子。当人们抱怨北美教育中的问题时，常常会说，如果美国和加拿大的学生能在国际阅读与数学测试中，表现得像取得最高分国家的学生那样好，这些问题似乎就解决了。像芬兰、新加坡这些被媒体摘出来作为拥有优越教育体系的国家，他们的学生在像 PISA 之类的标准化测试中数学成绩更好——PISA（Programme for International Student Assessment），指"国际学生评估测试"，每 3 年进行一次，来自 80 个国家的 15 岁学生们都会参与其中。

这些测试的结果值得仔细检视，但相比于它们证明教育的好坏，其实它们更多地反映出我们对于孩子及其潜能的信念。从人们谈论测试的方式上，你能清楚地看到他们对普通学生的在校成绩有着怎样的期望。

在 PISA 测试中，数学要得到 5 级至 6 级分数的话，需要接受大学的课程；3 级或以下的得分则意味着，测试者很难胜任需要大量超过基本数学知识的工作。2015 年，仅有 6% 的美国学生与 15% 的加拿大学生得分达到 5 级或 6 级，相较而言，芬兰学生有 12% 达到这个程度，新加坡学生有 35%。然而，在芬兰有大约 55% 的学生得分在 3 级或以下，新加坡也有约 40% 学生的得分在此水平。（美国与加拿大相应的结果分别是 79% 与 62%。）[2]

很多人建议美国教育者，应该找出那些表现最好的国家的数学是怎么教的，然后就可以在美国施行同样的教法。我期待这是一个好主意，但我们可能也想探究，在培养出如此优秀的学生的国家，怎么仍有几乎半数的人学到的知识如此之少。回答这个问题与模仿其他国家的教育实践一样，能帮助我们改进数学教育。

学生在数学成绩上的巨大差异似乎是自然的。在每一个国家、每一所学校，仅有小部分学生被期望能爱上数学学习或表现出众。在我访问过的不同国家的多所学校里，我总是看到在小学毕业时，众多小学生的水平其实落后了两、三个年级。我的家乡安大略省，孩子们在国际测试中的表现相当好，而在 2018 年的省级考试中，只有不到 50% 的 6 年级学生达到年级标准。在其他科目上，尤其是科学这门课，总能看到同样的差异。

在我教导孩子和成人的工作经历中，我看到了大量证明数学能力极具变化性的证据，教师非常简单的干预就能让成绩产生极大的提升。一项由加拿大小学班级参与的案例研究，反映了我们对普通人数学能力的低估程度。该研究首先被《纽约时报》报道，后来被《科学美国人·脑科学》杂志做了专题。

2008 年秋天，多伦多一位老师玛丽·简·莫罗（Mary Jane Moreau）让她的 5 年级学生接受了 TOMA（Test of Mathematical Abilities，数学能力测试）标准化测试。下图显示了这个班级的测试分数分布。

该班的平均分数在第 54 个百分位[1]，最低成绩在第 9 百分位[2]，最高成绩在第 75 百分位。这种分数差异表示，在该班最好的学生与最差的学生之间相差三个年级的跨度。（该班 1/5 的学生曾被诊断有学习障碍。）

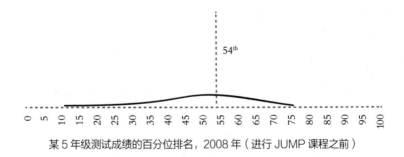

某 5 年级测试成绩的百分位排名，2008 年（进行 JUMP 课程之前）

---

1 在第 54 个百分位是指该成绩比参与测试的 54% 的同学成绩要高。——译者注
2 换言之，该最低成绩比大样本中 9% 的受试者成绩高。——译者注

	最低分数	最高分数	平均分数	标准差
2008 年 9 月，5 年级（进行 JUMP 课程之前）	9%	75%	54%	16.6%

★根据 TOMA（数学能力测试）常模参照的结果而进行的班级百分位数排名。

在我的访谈与培训课程中，我曾调研过数百位 5 年级老师，他们都报告了各自学生中相似的差异性。这些差异随着学生的年龄增长还会变得更加显著。到高中时，许多学生被"分流"到应用性或基础性课程中，而其他人则努力跟上学术性课程。莫罗的学生们就读于一家很好的私立学校。他们的测试结果表明，我们在一定程度上已经接受了这些不平等是自然的。即使是最富裕的父母，也乐于将他们的孩子送进那些在个体学生之间制造巨大成绩差异的学校，这反映出这种智力上的不平等主要并不是经济或阶层问题。

我在一所地方教师学院做了一场有关 JUMP 数学课程的演讲，在这之后，玛丽·简·莫罗介绍了自己，我因此和她相识。她是一位有创新精神的教师，曾在一家名叫"儿童研究所"的实验学校任教，后来转到一家私立学校。她对教育研究大有兴趣，也喜欢试验新的教学方法，因此她决定亲自来研究 JUMP 项目。在对她的学生进行 TOMA 测试之后，她放弃了自己通常用的方法，即将各种能找到的最好材料拼成课程，而开始严格遵循 JUMP 课程的教学计划。这意味着教授概念与技巧的步骤比她通常遵循的步骤要少得多，不断提问与布置练习和活动，以评估学生知道了什么，经常练习与回顾评估，最重要的是，通过给学生难度递增的挑战，让一个概念建立在另一个概念的基础之上，来营造学生的兴奋感。在第 4 章里，我会详细介绍这种"结构化探究"的方法（学生在这个过程中自己发现概念，并且自己解决问题，但教师要给学生提供充足和细致的指导）。

经过一年的 JUMP 教程之后，莫罗让其已进入 6 年级的学生重新进行了 TOMA 测试。学生的平均成绩已上升至第 98 个百分位，而最低成绩在第 95 个百分位（参见下图）。

在 6 年级期末，莫罗整个班都报名参加了"毕达哥拉斯数学竞赛"——这是针对 6 年级学生的久负盛名的竞赛。最强的一个学生在竞赛当天缺席了，但在参加了竞赛的 17 个学生中，有 14 人获得优秀奖，另外 3 人紧随其后。参加毕达哥拉斯竞赛的学生，一般平时成绩都在前 5%，而莫罗这个班的学生（起初他们并不引人瞩目）获得的平均成绩比参加该竞赛所有学生的平均分数都要高。

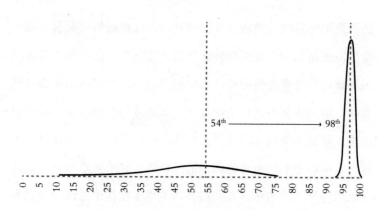

百分位排名，5 年级（2008 年）vs 6 年级（2009 年）

	最低成绩	最高成绩	平均成绩	标准差
2008 年，5 年级 （实行 JUMP 之前）	9%	75%	54%	16.6%
2009 年，6 年级 （实行 JUMP 一年）	95%	99%	98%	1.2%

★ 根据 TOMA（数学能力测试）常模参照的结果而进行的班级百分位数排名。

目前，这仅是一个案例研究。但莫罗的学生们不是外星人，他们的大脑与其他常规班级的学生是一样的。与此同时，JUMP 参与了更大范围的研究与试验，结果显示出孩子有比我们所期望的更大的能力。（有关 JUMP 试验结果的综述，请在 jumpmath.org 网站选择"Programs"即项目，再选择"Research"即研究，进行查阅。）

莫罗班里最具挑战难度的那名 10 岁学生，在仅仅 1 年之后，她的 TOMA 成绩就从第 9 个百分位上升到了第 95 个百分位[1]。正如 10 岁的头脑可塑性已经比更年幼学生小，因此可以合理地推论，假如莫罗的这位学生能够在更早的时候接受能够提升能力和思维方式的数学课程，她应该能在 5 年级时取得更出色的成绩。基于我对数以千计孩子的观察，以及我将在本章中进一步讨论的研究，我相信绝大多数 5 年级学生（可能多达 99%）都能够做到那些被给予厚望的优秀学生能做到的事情——如果他们一直有像玛丽·简这样的老师的话。

　　我曾到莫罗的班里上过一堂课。学生们全都对数学充满兴奋，并坚持让我给他们出越来越难的题目。在某个情境下，他们教了我关于除法类型的某个知识——这个东西我完全忘记了。另一个情境是，在课堂的最后，当我试图与莫罗交接时，她的学生要求她在离开班级之前出一个额外的题目给他们——她实际上已经将题目写在黑板上，但忘记将遮挡题目的那张纸拿掉。我在许多班级里都见过与此相同的热烈景象。我看见学生变得对数学如此热爱，他们请求在课间休息时留下来，好继续完成他们的作业，或者主动要求额外的暑假作业。有一次我分开两个打架的学生，所用的办法甚至是告诉那个挑起事端者：如果他不道歉，我将不会给他附加题。然后他道歉了——为了一道

1　即成绩从好于 9% 的全部参试学生，提高到好于 95% 的全部参试学生。——译者注

数学附加题！

　　很多人认为，教师总要被迫在帮助更弱的学生跟上进度与允许更强的学生再进一步之间做出艰难的选择。但是莫罗的试验结果清楚地显示，老师不必做此种选择。在采用 JUMP 课程之后，学生的 TOMA 最低分数到达了第 95 个百分位，比采用 JUMP 之前的最高分数整整高出 20 个百分位。难以置信的是，教师可以在帮助初始较弱的学生提升的同时，也能帮助最强的学生尽展其潜能。莫罗班上最强的学生们在 5 年级的表现比他们以往在校的任何时候都要好，部分原因是整个班级都在进步。在 6 年级里，莫罗的所有学生都迅速通过了 6 年级的数学课程，并且学习了一半 7 年级的课程。一些最弱学生的最终表现超过了起初更强的学生。

　　莫罗能够如此戏剧性地改变班级成绩的钟形曲线，是因为她让所有学生都感到他们能完成大致同样的事情。在她的教室里，学生们争相努力去解决问题，而不是相互攀比。他们沉浸在同伴们的兴奋之中，这种兴奋帮助他们更深地投入其中，记住他们所学到的，并在面对挑战时百折不挠。他们被鼓励去学习，并且爱上学习本身，而不是因为他们害怕失败或希望排名超过其他学生。

　　我相信，减少在学校（及工作场所）的智力不平等状况，与其他任何我们可能寄望的社会干预措施相比，都能更多地改善这个世界——这不仅是因为不公平的学习环境极其不公正，

也因为它们本质上非常低效。这样的环境对任何学习者都没有
益处——包括那些处于学术层级顶端的人——因为这种环境会
训练学习者轻易放弃，或者让他们为错误的理由努力。它会摧
毁我们天然的好奇心，让我们的大脑以最低效的方式运作。而
且，正如我将在第 6 章阐述的，它也会阻碍我们培养高效的思
维方式。幸运的是，多个领域的前沿研究指出，在数学这门
学科中，教师可以轻易地创造出更公平、更有成效的学习环
境——即便是对于年纪更大的学习者来说，也是如此。

这是你的数学大脑

对于温哥华的伊莱沙·博尼（Elisha Bonnis）老师来说，她
最喜欢的事情是帮助她的 5 年级学生发现数字里的模式或将不
同的数学概念联系起来。但多年以来，每当她不得不去教数学
时，她都感觉自己就像一个骗子。

在人生的大部分时间里，数学都让博尼发怵。她 3 年级时
第一次开始在这个科目上落后，因为支气管炎迫使她缺课了几
周。家里没有人能帮助她跟上进度——她来自一个不断搬迁的
家庭——而她在学校又害怕寻求帮助。她在数学上越来越落后，
甚至开始对这个科目产生一种习惯性恐惧，老师开始把她当作
不能理解最基本数字概念的学生来对待。在一场有关 JUMP 体

验的访谈中，她告诉《温哥华太阳报》(*Vancouver Sun*) 的记者："我曾经以为只有我，我是唯一一个搞不明白的人。我被告知了许多次，我就是一个缺乏数学头脑的人。"[3]

博尼在数学上的挣扎最终开始影响她其他学科的成绩。她开始逃课，考试不过，与老师顶嘴。在被两所学校开除之后，她进入了一所非传统学校，并在这儿以高分拿到她的高中学位——但不包括数学成绩，因为此前几年她便放弃了这个科目。当她决定成为一名老师并申请了不列颠哥伦比亚大学的教育项目时，她恐惧地发现，她将不得不去更新自己的数学知识。她回忆道："在不列颠哥伦比亚大学，我再次被自己对数学深远持久的憎恶与恐惧缠绕。我每晚学习 3 个小时，大部分时候都会哭泣。我的确通过了，但当我成为教师，在我职业生涯的前半段时间里，当我需要执教数学时，我仍然感觉自己完全不够格，好像我在糊弄谁。我只是按照教材照本宣科，现在我才知道，这对我的学生来说是一种怎样的伤害。"[4]

2008 年，伊莱沙·博尼参加了我在温哥华学校教育委员会的一次演讲，之后便与我相识。她的一位同事曾听她吐露过对数学的恐惧，便劝说她来听这次的演讲。听过演讲之后，博尼开始试验 JUMP 的在线课程，最终她在她的课堂上实施了完整的项目课程。随着博尼与她的学生们一起规划并努力完成整个课程，她对数学的焦虑开始消退，头一次她开始感到自己理解了所教的东西。3 年之后，带着新建立的对自己能力的信心，她开始在不列颠哥伦比亚大学上数学教育的硕士课程。之后，她以高分完成了自己的学位，而现在，她喜欢辅导那些对数学感到焦虑的同行老师。

我知道很多人后来发现——有时在生命中相当晚的时候才发现——他们有数学天赋，并且实际上他们喜爱学习这个科目。曾经与我共事过的数百位成人与少年，他们都曾以为自己"不擅长数学"，但我只遇到过少数几个人，不能很快地跟上我教他们的东西。

在第 5 章，我将描述我辅导丽莎的工作，她是我遇到过的最具挑战性的青少年学生之一。在我与丽莎的第一课中，我惊讶地发现她不会最基本的算术运算，或者两个两个地数数到 10，虽然她已经是 6 年级了。我很快从她的校长那里得知，在学校她实际上处于 1 年级的学习水平。她有"轻度智力障碍"（这意味着她的智商大概是 80），而且她对数学已产生手足无措般的恐惧。经过 3 年的每周辅导之后，丽莎告诉我她想去上 9 年级的数学课。我担心她没办法通过这项课程，但让我惊讶的是，她在这一年里跳过 9 年级并完成了 10 年级的数学课程。

那些认为数学本质上就是很难学的人，有时会将数学的专业知识与各领域的专业知识类比，这些领域通常需要从小开始学习，才能成为其中的有力竞争者，例如，能够没有口音地说一种语言，流畅持续地在小提琴上拉出动听的音符，或者在体操中表演复杂的动作套路。按照这种观点，如果一个人没有在早年表现出与数字打交道的能力，那么他们很可能被判定为缺乏数学细胞，就像伊莱沙·博尼一样。但是来自不同领域的研究——包括认知科学、神经科学，乃至数学基础领域——都指出，这种类比是有缺陷的，一个人什么时候学数学都不晚。

举个例子，如果一个人没有在 6 岁之前学会说一种语言，那么他们很可能在说这种语言的时候会带有口音，不管他们多么努力地让自己听起来像在说母语。但是最近关于儿童发育的研究显示，数学学习的成败并不能做同类的预测。实际上，影响日后数学成就的预测因素所涉及的技能与概念，是每一个人必然会发展起来的，不论他们早年曾在数学上多么挣扎或他们获取这些技能有多晚。这些指征涉及一些极简单的任务，是人类进化出的仅需要相对较少的指导就能做到的事情，这些任务包括数到 10，或正确地将一个数字符号（1、2、3 等）与一个数量（比如一排圆点）或一个数列中的位置联系起来，并且识别两个数字符号中哪一个代表更大的数量。[5]

研究提出了一个让人困惑的问题。如果可以预示数学成绩的技能如此简单，像数数或将一个数字与数量匹配——这些事情几乎所有人最终都能做到——那么一个人在 4 岁还是 4 岁半时掌握这些技能为何就那么要紧？为何学数数比同龄人晚了 6 个月的孩子，就会有更大的风险被数学终生困扰？研究显示，成人在能力上的差异主要不是由个体之间的认知差异造成的，因为我们最终都能学会那些可以预示成绩的概念。我认为，差异主要源于教育体系，正是教育体系将本来无关紧要的一点延迟或困扰转化为能够改变人生的差异。我将提供来自心理学的证据加以说明，比起这门课程本身固有的难度，我们对自己能力的态度（我们将自己与学校或工作场所的同伴相比较而形成这些态度），还有老师的态度，都更有可能阻碍我们作为孩子或成人去学习数学。

有关儿童发育的新研究，与过去 100 多年来一系列改变数学这门学科的深刻发现是一致的。这些发现最终促进了我们今天所依赖的数字计算机与通信技术的发展。它们也显著影响了数学的教学方式。在 20 世纪早期，逻辑学家已经证明，几乎所有的数学，包括更高等的分支，如微积分、抽象代数，都可以还原为同样微不足道的概念与过程——例如计数的过程或将对象分组成为集合——这些能力可以在数学上指向成功。不幸的是，这个新发现从未被透露给普通公众，可能因为数学家们不想让人知道，数学，曾被广泛视为普通头脑难以企及的专业，可以被还原为任何头脑都可以涉足的简单逻辑步骤。在本书中我们将审视若干概念的例子——例如分数的除法——这能迷惑许多成人，但实际上非常容易解释。我将探讨数学不同于在学校学习的其他科目，正如逻辑学家所揭示的，它本质上很简单。

相信数学很难的人，也倾向于相信大脑的结构性特征决定了一个人能够学会多少数学。神经学家才刚开始寻找擅长数学的成人及青少年与不擅长者的大脑图像差异。关于人脑的结构会如何限制或增强我们的能力，他们还说不出更多东西。但是他们已经发现的东西理应为任何想学习数学的成人带来希望。

擅长数学的人倾向于用他们大脑的特定部位（left angular gyrus，称为"左侧角回"）处理数学，这会帮助他们比不擅长数学者更有效地检索并使用数学信息。[6] 有趣的是，数学奇才们用以超越普通人的信息——你猜到了——从根本上来讲很简单。那些能激活左侧角回的人，就能更好地检索基本信息（比如加法与乘法的信息）以及读取不同的数学表征（如图形、图表及表格）所表示的意义。他们在数学上的优势在于不必在基本的任务处理上浪费精力，因此他们能够更专注于理解问题所蕴含的结构。研究显示，不那么擅长数学的人可以通过训练学会激活相同的脑区，即那些专家赖以处理数学问题的脑区。[7]

神经科学的研究和与认知科学的一系列平行研究是一致的，它们都表明，许多我们认为天生的能力实际上都能通过一种称为"刻意训练"的学习方法来培养。研究指出，学习数学（或任何科目）多少有些有效方法，而当下我们在学校与工作场合所采用的指导方法往往是非常低效的，因为它们会导致学习者"认知过载"，并且不能以有效的方式吸引学习者去注意所学材料的明显特征。例如，多数老师倾向于用过于具体或特定的例子（常常嵌入一个设计好的似乎与数学相关的故事框架中），但研究指出，这些表述实际上会妨碍学生发现问题中更深层的数学结构。其实，以更少的语言并通过更抽象的表示来展示这些数学概念，则更容易被学生接受。

　　我们能抽象思考、使用数学的能力，是人类最伟大的天赋之一。可能也正是这种天赋让我们与其他人大致相似且共享某种普遍性。数学给了我们能力以创造大量技术，并认识统治自然界的规律与模式。它也使我们能够透过无数让人眼花缭乱的、让万物面貌各异的表象特征，以更抽象的视角，发现它们的相同本质。如果每一个人抽象思考的天赋都能被开发，我们可能会发现，我们与其他人类伙伴的共同之处比我们想象的要多得多。我们能创造出一个更公平、更有成效的社会，并以那些从未体验过数学之美或数学之力的人难以想象的方式，来改善我们的生活。

　　每一个人应该都有权利实现他们的智力潜能，正如他们有权发育健康的身体。我们不必等到招揽好一支超人教师队伍，或发明出一些奇迹般的新技术来保障这种权利。在过去的十多年间，认知科学家与教育心理学家开始揭示我们大脑的最佳学习机制。他们收集的证据已经证明，通过我在本书中描述的方法来教学，绝大多数人都能表现优秀并爱上学习。我们这个时代至关重要的问题之一，就是我们是否会依照这些证据去采取行动。

第 2 章

数学那不可思议的有效性

The Unreasonable Effectiveness of Mathematics

　　想象一下，如果在一次例行问诊中，你得知自己大概率患了癌症（90% 的可能性），你会做何反应呢？我从未拿到过这种诊断，但如果收到了这样的诊断，我确信那一瞬间我的生活就将改变。所有眼前其他的顾虑、担心无疑都将变得不足挂齿，除非我的病能马上得到有效的治疗，否则我就可能过早死去，再也见不到我的家人或朋友。

　　现在再想象一下，如果在拿到诊断的几天之后，你得知医生其实在解读你的检测结果时出了差错，你患有癌症的概率其实只有 10%，你会做何反应？在这种情景里，我敢肯定会感觉自己好像刚刚被宣布死刑然后又获得了赦免。我可能决心改变我的饮食或其他生活习惯以减少自己实际得癌症的风险——但另一方面，我想我会一如既往，如我第一次被误诊之前那般继续生活。

我编的这个由于医疗错误而导致不同后果的故事，是要说明数字可能会施加给我们生活的巨大影响。但这种情景并非完全是假想的。医生的确会误读癌症检测的结果——比你想的要频繁得多——不是因为测试不可靠或含混不清，而是因为他们不知道如何计算基本的概率。

你需要两条信息以估算一个检测结果阳性的病人患有癌症的概率：检测的准确程度，以及普通人群中患有这种癌症的比例。对于一个给定检测结果，你可能会预料到每一个医生都将给出大概同样的估计，尤其因为概率的高低可能决定着对病人的不同治疗方案。心理学家格尔德·吉戈伦泽尔（Gerd Gigerenzer），在柏林的马克斯·普朗克研究所适应性行为与认知中心工作，他发现，许多医生不能根据某项特定的检测结果正确判定病人患有癌症的可能性。[1]吉戈伦泽尔询问了多位有20～30年乳房 X 光照片经验的放射科医师（包括该科的负责人），当一位女性在一个有90%正确率的检测中得到了阳性结果，那么她患有乳腺癌的概率是多少？令人震惊的是，他们估计的范围从 1% 到 90% 都有。真正的概率是大约 10%。

为什么医生有时会高估与阳性检测结果有关的癌症风险？设想你在玩一个如下图所示的转盘游戏，玩家轮流转动转盘指针，并且你希望轮到你转动指针时，指针将会停留在某一个灰色区域。如果你想计算这种情形实际发生的概率，你就需要数一数你能转到灰区的所有情况，然后与转盘上可能出现的所有结果总数进行比较。因为有 3 块区域是灰色的，而色块总数是9 个，转到灰区的概率就是 9 中选 3，或 1/3。

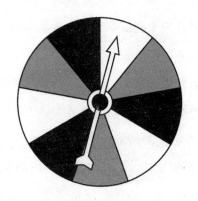

现在，假设在计算转到灰区的概率时，你莫名忽略了所有的白区。在这种情况下，转盘上的分区总数只有 6 个（3 个黑区与 3 个灰区），因此你会得出结论，说转到灰区的概率是 6 中选 3，或 1/2（比 1/3 高的概率）。虽然一个人在转盘上不太可能犯这种错误，但医生高估与检测阳性结果相关的癌症风险的方式，是与之相同的：他们忽略了去计算某些可能出现的情形。

假设你所做的癌症检测的准确率是 90%，而在 1000 名女性中通常只有 10 个人会得乳腺癌。如果你恰好检测这 10 个人，那么平均会有 9 人的检测结果为阳性（因为检测的准确率为90%）。但这并不意味着当你的检测结果为阳性时，你患有癌症的概率便是 90%。我们没有计算所有可能出现的情形。因为检测的准确率是 90%，我们也需要考虑没有癌症的另外 990 人中，有多少人可能会出现阳性检测结果。这一过程中将有 10% 的概率出错。因此，990 个没有癌症的人中大约有 10% 的人（或 99 人）将得到假阳性结果。这就意味着每 1000 个人参加检测，其中约有 9+99=108 人将出现癌症的阳性结果。但其实只有 9 个人真的患有癌症。因此，如果你的检测得到了一个阳性结果，那么你真正患有乳腺癌的概率只有大约 8.3%，接近 10%。

当然，90% 与 10% 不过是数字而已。但当它们代表癌症检测的两种可能后果时，我们就很容易理解数值误差的实际意义。当真正的患癌风险不到 10%，而医生告诉患者这个风险为 90% 时，可能会导致患者不必要地高度紧张，也会促使他们去寻求不太需要并且可能带来有害副作用的治疗手段。

因为数字是无形的，而且总是会在我们难以感知的尺度上展现它们错综复杂的功能——从病毒 DNA 中所刻的致命密码，到恒星中庞大的元素制造工厂——我们几乎不会注意到它们对我们日常生活的影响。但数字是我们存在结构的一部分。几乎在我们所做的每一个决定中，它们都占有一席之地——从我们（个人或国家）积累的债务数目到我们选择的抗病毒治疗方法。有许多理由告诉我们，为什么确保我们社会中每一位成员——包括投票、承担工作、签署处方、充当陪审员、购买日用品、建造桥梁、协商合约、房贷、炒股、卖房、消费能源或养育孩子等涉及的每一个人——具备关于数字与数学的通用基本知识是明智的。

数学与社会

当我们将目前的教育成果与认知科学揭示的可能成果，或像玛丽·简·莫罗这样的老师所能产生的成果进行比较时，事情看来很清楚：即使是在最富裕的社会，我们也生活于一个智力贫困的时代。

显而易见，因为有太多人认为他们学不会数学，所以我们的经济并没有那么有成效。公司领导常常抱怨，他们招聘不到技术岗位的员工或者难以提升公司的生产力，因为他们难以找到懂得或愿意的人去学习科技岗位所需要的数学。总统的科学技术顾问委员会最近发布的一份报告写到，未来十年，相比于美国工业岗位所需，美国的科学、技术、工程与数学领域毕业生将会出现 100 万的人才短缺。[2]

那些在数学上挣扎的人，难以对他们的财务问题做出合理决策，或者当被要求为经济政策进行投票时，他们也会难以决定。我从未听说有人在公众场合宣称他们因为不识字所以看不懂菜单，但是我常听到人们告诉自己的朋友（带着些许骄傲），他们算不来餐厅的账单或理不清税单。这种基本数学能力的缺乏可能导致不容忽视的后果。十几年前，世界被一场经济衰退撼动，而这场衰退本来可以被避免——如果人们理解当他们的按揭贷款利率增加一个百分点时，他们的月供将会发生什么变化的话。增加 0.5 个百分点听上去不是很多，但是当你支付着 2% 的利率，它意味着你的利率要增加 25%（你的月供也大约有同样的增加）——当银行代表推销房屋时，应该已经很清楚了。我们不善于处理数字，这一点可能有助于解释，为什么大约有 1000 万美国人与 100 万加拿大人在过去的 10 年里宣布破产。[3]

许多研究表明，一个人所受的教育质量与他们的生活质量相关。事实证明，相比于其他领域的成就，数学对一个人的生活有着更巨大的影响。

2007 年，格雷格·邓肯（Greg Duncan）与一组认知科学家分析了 6 个大型纵向研究结果，这些研究针对的是美国学生从学龄前到毕业期间的学习成绩。[4] 他们发现，早年的数学技能比其他技能，包括阅读与注意力，能更明显且强有力地预示后来在校的学习成败。2010 年，加拿大的两项研究，一项在魁北克省内进行，一项在全国范围内进行，也都再次印证了这些发现。[5] 这些研究显示，一个人的教育程度对生活质量所能产生的正面影响，很可能与他们的数学能力强烈相关。

2005 年，社会学家萨曼莎·帕森斯（Samantha Parsons）与约翰·宾纳（John Bynner）利用针对英国人口进行的纵向研究数据，以确定算术盲在 30 岁男性与女性中所造成的影响。[6] 他们发现，计算能力差的人，其失业概率是计算能力强者的两倍。计算能力差的男性，不管他们的读写水平如何，通常更容易患上抑郁症，他们对政治不感兴趣，也更有可能被学校停学或被警察逮捕。计算能力的低下对女性的负面影响甚至更大。不管她们的读写水准如何，计算能力差的女性对政治或投票的兴趣更低，更可能从事非全职、低技能或无需技能的工作，或者成为不工作的家庭妇女。她们也更可能身体健康状况不佳，缺乏自尊，以及感觉自己对生活缺乏掌控力。

由宾纳和帕森斯所做的一项更早的研究也显示，计算能力差的人容易更早地离开全日制教育，并且常常没有拿到学历证书，后来他们的职业生涯零零碎碎，非正式工作和失业期相互间杂。[7] 他们从事的多数工作是低技术性的，报酬低廉，而且很少能提供培训或升职机会。

在生活的许多领域，数学能力对于做出周密的决策是非常重要的。在有关我们健康的决策中，这一点尤其真切。[8] 数学能力差的人可能不太理解疾病筛查的益处与风险，或者以正确剂量与频率服用药物，所以他们在治疗中所获的益处要比数学能力强的人少。数学甚至能对一个人的精神健康产生令人惊讶的影响。根据一项研究，学习通过做心算来激活前额叶皮层的抑郁者，可以在情绪困境中更好地控制自己的思想。[9]

并不难看出，懂得数学可以帮助我们做出更明智的决策——但它也可以帮助我们解决问题，并从一开始就避免问题的产生，为我们提供所需的工具，去理性和系统地思考各种政治、环境与经济政策的风险和益处。我们处于这样一个时代，假新闻和极端意见可以像瘟疫一样在社交媒体上传播，对于普通公民而言，进行数学思考的能力已经比以往更加迫切了。

在 2016 年 1 月 11 日的一场新闻发布会上，一位重要的美国政客宣称，有 9600 万美国人在找工作，但是他们却找不到。[10]当我读到这个声明时，我想这不可能是真的，所以我做了以下的简单心算：我知道美国的人口大约是 3 亿，假设大概 2/3 的美国人（大约 2 亿人）处于可工作的年龄，而数字 9600 万接近 1 亿，也就是 2 亿的一半。因此，如果这位政客的数字是对的，那么在 2016 年，大约一半处于工作年龄的美国人想找工作却找不到。换句话说，美国 2016 年的失业率接近 50%！可悲的是，看来几乎没有人注意到（或在乎）这位政客说出了这么不可信的话，也仅有少数媒体对其背后的数学问题提出质疑。

在 20 世纪 90 年代，新泽西州的政客们通过了一个法案，禁止领社会福利的母亲为在该法案出台后出生的孩子申请税收优惠。两个月之后，统计数据显示新泽西州的出生率下降了，一些政客声称说，他们的法案造成了这种变化。[11]看起来他们忘了怀孕需要持续 9 个月，因此该法案不可能在 2 个月内产生影响。（评估该法案影响的一个长线问题是，有些领社会福利的女性会停止报告怀孕，因为这样做对她们没有好处。）

如果政客受过思维逻辑的训练，他们就会知道，除非你考虑到——冷静地思考——所有可能的反例来证明你试图证明的东西，否则你无法构建一个有效的论证。而且如果他们懂得如何计算概率并进行基本的统计，他们将在宣称知道原因之前，小心地衡量所有可能与事件相关的因素。如果人们在参加竞选之前必须通过基础数学推理课程，那么我们的政治辩论将会变得更加合理、更富有成效。

当人们试图用数字来证明智力或体育才能等这些能力取决于我们的基因构成时，他们常常会在比率或百分比的使用上犯基础性错误。

在《我们都是天才》中，大卫·申克给了我们一个有趣的例子——曾有一件明显基于数学错误的事被媒体传播到了整个世界。[12] 在 2008 年奥运会上，牙买加运动员在田径赛场共赢得 6 枚金牌，奖牌总数 11 枚，因此震动了美国，相比之下，全美国在田径赛场上才赢得 25 枚奖牌。这一结果格外引人注目，因为美国人口数大约是牙买加人口数的 100 倍，因此美国本该赢得更多的奖牌。

世界各地的体育评论员很快开始传播这样一个故事，说牙买加运动员之所以能赢得不成比例的奖牌数，是因为几乎每一个牙买加人都携带一种特别的变异基因（ACTN3），这种基因调控一种蛋白质（辅肌动蛋白 3，alpha-actinin-3）的产生，可以促进肌肉的快速收缩。

在美国，我们发现 ACTN3 基因只存在于 80% 的人身上，但在牙买加，它在人口中的存在比例为 98%。98% 听上去是比 80% 大很多的数字，但是为算出在一个特定国家实际上有多少人携带这种基因，你需要将人们携带这种基因的百分比乘以该国的人口数。假设美国人口约为牙买加人口的 100 倍，即使不做演算，我也敢肯定，将美国人口乘以 80%（或 0.80）得到的数字远远大于牙买加很少的人口数乘以 98%（或 0.98）。事实上，如果你进行演算，你将会发现，美国携带 ACTN3 的人数接近牙买加的 100 倍，因为美国人口是牙买加人口的 100 倍以上。因此，如果这个 ACTN3 基因对增加奥林匹克田径奖牌有显著作用的话，那么美国人本应获得相当于牙买加奖牌数 100 倍的奖牌。（看起来是牙买加一名优秀的短跑运动员发起的一项国家培训计划，为牙买加选手的成功做出了贡献。）

很多人——包括需要计算能力以完成工作的医生与政客——都对数字有一种习得性无助感。因为我们中的许多人都曾在学校因为数学而辛苦，我们很容易被含有错误数学信息的争论愚弄。我们通常不愿意或不会运用简单的计算、基本的逻辑去分析涉及数字的说法。幸运的是，要获得我们所需的数学能力是相对容易的，我们需要成为更知情的新闻与社交媒体消费者，驾驭我们复杂的日常生活，或者提升我们在工作中的表现及前景。

达加·巴尔（Darja Barr）是曼尼托巴大学的一位数学教

授，给护理系的学生上大学第一年的数学课。她亲眼看到数学
盲对那些还没准备好上课的学生所造成的影响。在北美，每年
都有数以千计的大学生，因为在初级数学课程中不及格或得分
低而被迫离开学校，或者改变职业路径。由于缺乏对数学的理
解，那些不能接受辍学或另选低收入职业的学生，承受着难以
偿还的沉重债务负担。

　　每一年大约有 20 名学生注册学习巴尔的课，但这些学生
中有很大一部分会因为缺乏所需的数学背景知识而挂科或成绩
很差。2016 年，完成她课程的学生，平均分数是 D+。看到那
么多充满热爱并希望成为护士的学生在她的课上梦想破碎，巴
尔感到很难过。2017 年，巴尔利用业余时间开办了一个为期一
周的夏季"新手训练营"，帮助将要入学的新生为她的课程做
准备。她在数字感、比例、代数与分数方面采用了 JUMP 课程
（jumpmath.org 网站上提供这些内容）来作为教学的基础。那一
年，完成她课程的学生的平均分数是 B+。

　　当考虑到对数学无知可能对一个典型的护理系学生产生的
后果时——包括致使那些辍学者失去机会、推迟梦想，那些成
绩勉强过关的人在工作上可能出现失误，从而妨碍他们获得晋
升——为了一个更好的未来，一个星期的额外学习是很小的投
入。如果有一种像达加·巴尔创造的类似的新手课程可以提供，
我预料大多数护理系学生都会欢迎这个能提高他们数学技能的
机会。而其他专业的学生也可以从这类课程中获益。

在书中，我会介绍一系列基本的数学能力，普通人在一两周的短期"新手训练营"里就能学会它们，而这些能力也应当成为每个成人的思想工具之一。这些能力包括进行整数与分数基本运算的能力；计算与理解概率、比例和百分比；做简单的代数；理解基础的统计术语；进行估算。我认为这些基本的数学能力是一个富有成效的公民的最低要求。如果每一个能投票、消费或工作的人都能达到这些期望，我们的社会将很可能变得更文明、更有效率、更公平。算术能力其实还有更深刻的益处，但人们在衡量数学学习的重要性时很少考虑。如果我们真正懂得数学思维的非凡力量，如果我们能够亲身体验数学观念可以从许多方面提升我们的想象力、丰富我们的生活，我们就会付出更大的努力，充分开发每一个人的数学潜能。

数学与思维

在公元前 300 年，希腊数学家欧几里得总结出 5 条公设，根据它们可以推出当时所知的所有几何真理。与其他重要的数学思想一样，这些公设如此简单，以至于孩子都可以理解。但它们又是如此强而有力，今天的数学家、科学家与工程师仍在不断发现它们所蕴含的海量真理的新应用。

下面是用现代方式陈述的这 5 大公设：

（1）直线是两点之间最短的距离。

（2）一条直线可以无限延伸。

（3）围绕一点可以画任意半径的圆。

（4）所有的直角角度都相等。

（5）给定一条直线 A，与不在直线上的一点 B，经过点 B
　　有且只有一条直线不与直线 A 相交（或"平行"于
　　直线 A）。

许多个世纪以来，数学家都被其中的第 5 条公设困扰，因为它看起来比其他公设更复杂，又不那么直观。从欧几里得的时代到 19 世纪之间，许多业余数学家（还有一些职业数学家）声称，他们能从其他 4 条公设证明出第 5 公设，但他们所有的证明都包含了错误。

19 世纪初，两位创造性的数学家决定采取不同的路径去处理第 5 公设。不再试图从其他公设去证明第 5 条公设，雅诺什·鲍耶（János Bolyai）与尼古拉·罗巴切夫斯基（Nikolai Lobachevsky）分别独立地探索如果完全抛弃第 5 公设将会发生什么。让他们惊讶的是，他们发现可以在不用第 5 公设的情况下，发展出完美合理而一致的几何学。数学家很快意识到，如果我们生活于一个弯曲的表面，或在更高维度上的曲面空间，这些几何图形描绘的即是体验这个世界的各种方式。例如，如果你生活于具有球面曲率的宇宙，你沿着看上去是直线的路径走足够长的时间，最终你将回到你开始的地方。而如果你生活于一个巨大的球形表面（事实的确如此），你可能以为（一些人至今这样以为）你生活于一个平坦的表面。如果球体极其大，你可能不能分辨出这个表面是弯曲的。但当你理解了弯曲空间的数学，你还是可以推理出，假如你真的恰好生活在一个球体上，欧几里得的第 5 公设在你的世界里便不成立。

在一个平坦表面，直线是走过两点之间距离最短的路径。在一个弯曲表面，两点之间的任何最短路径——用一种更抽象的视角来看——也可以被视为一种"直线"。这些最短路径对一个生活在这个二维表面的人来说，看起来是平直的，但它们实际上会在三维空间里弯曲。

在一个球面上，在给定的一对点之间只有一条最短路径——这条路径总是处于一种被数学家称为"大圆"的特定类型曲线上。演示大圆的一种方法是，想象将一个网球沿通过球心的一个截面切成相等的两半，当你观察任一半球的环形边缘时，你看到的就是一个大圆。

地球的赤道是一个大圆，因为它将整个地球分成两个相等的半球。对于地球表面的任意一对给定点，连接它们的仅有一个大圆。如果你希望从多伦多的中心点经过最短路径飞到悉尼的中心点，你必须沿着连接两点的大圆飞行。当航班路线被投影到一张平面地图时，它们看起来通常是弯曲的，因为飞行员在跟随大圆的路径以节省时间与燃料。

因为存在无数种方法可以将一个球切成两半（沿着一个通过球心的截面），在球体的表面上有无数大圆，且每一个大圆将与其他所有大圆相交。这就是为什么欧几里得的第 5 公设在球面上不能成立。每一条最短路径或"直线"（当它延伸后）与其他所有"直线"相交，所以这里不存在"一对平行线"这种事情。

与此相反的是，在下图所示的马鞍形表面上，"直线"是抛物线，而欧几里得的第 5 公设因另一种原因而失效。

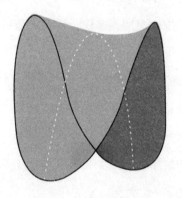

给定任一线 A 及任一不在线上的点 B，存在不止一条"直线"通过 B 且不与线 A 相交。事实上，在马鞍形的表面上，通过点 B 存在无数多条与 A 平行的线。

数学如此有效的原因之一是它的抽象性。事实上，过去 200 年里取得的所有主要数学进展，都源于数学家学会了越来越抽象地看待各种数学对象，比如数字、形状和关系。平面上的一条直线，与球面上的一条大圆，除了它们都是线条这一事实之外，似乎没有多少共同之处。但是以更抽象的角度去看，它们是在各自表面之上的最短路径，都会被生活在其表面之上的人视为直线。

通过探寻弯曲空间的几何，数学家最终发展出爱因斯坦所需要的数学，从而提出了物质能让空间与时间弯曲的奇异想法。1918 年，天文学家的观测表明，星星在日食时移动了位置，他们不仅证明了引力会导致光线在经过太阳附近时发生弯曲，也展示了对奥妙晦涩的数学问题（关于欧几里得第 5 公设是否必要）的解答，可以为科学家所能构想的最具革命性的理论提供支持。

这种类似为相对论做铺垫的巧合之事在数学上一次又一次地发生。故事经常是这样的：一位数学家决定探讨一个看上去不会有太多（或根本不会有）实际应用的问题，仅仅因为他们想使一个理论更优雅、更美，或单纯因为他们的好奇心；多年之后，他们的理论被发现正好是生物学家、化学家、物理学家或电脑科学家为取得某个主要概念突破所需要的东西。从遗传学到量子力学，现代科学的几乎每一个分支，都建立于数学家 50 年前至 500 年前发现的概念之上，数学家提出这些概念时甚至还没有人想到这些科学领域。物理学家尤金·维格纳（Eugene Wigner）将数学这种持续不断地预测改变世界科学与技术革命的趋势称为"数学不可思议的有效性"。

　　我想很少有在世的人像工程师与企业家埃隆·马斯克（Elon Musk）那样清晰展示了数学思维在实践中的力量。通过他的公司特斯拉（Tesla）、太空探索（SpaceX）与"挖洞"公司（The Boring Company），马斯克创造了一系列革命性的产品与技术。而且他激励或者说迫使许多公司（尤其是汽车与能源公司）以比原本预想更快的节奏去采用环保技术与商业模式。马斯克曾将他成功的一大部分原因归于他愿意运用数学从"第一原理"去分析问题。

　　"挖洞"公司最近才成立，因此不像马斯克的其他公司或他更有名的发明那样广为人知。这个构想类似超级高铁（它在地下管道中发射小型交通仓，因为管道中几乎没有空气，所以空气阻力极小）。创办这家公司的想法，生发自马斯克在洛杉矶街头堵车的时刻，他运用数学的第一原理来分析交通拥堵问题。

　　交通拥堵导致我们的经济每年损失亿万美元，并使通勤者每天的生活中有几个小时的极度烦恼时间。但是城市大多很少建设地下隧道以缓解拥堵，因为挖掘隧道的成本让人望而却步。该成本取决于需要移走的土石体积。这一体积可以通过用隧道的长度乘以隧道的横截面积来计算。而横截面积又取决于隧道的半径（为直径的一半）。马斯克意识到，他无法改变一条典型隧道的长度，但他又想如果改变隧道半径将会发生什么变化。

　　我们大多数人都在小学学过圆的面积公式（面积等于常数 π 乘以半径的平方，或者说是 πr^2）。该公式意味着，当半径增加隧道的横截面积将快速增加，因为面积与半径的平方成正比。如果你曾试过分别将数字 1、2、3 与它们自己相乘（或求这些数的平方），你就会知道当数字增大时它的平方增加得有多快了。马斯克推测，通过减小隧道的半径，他可以将挖掘一条典型隧道所需要的时间减少至原来的 1/10。为了补偿减少的隧道宽度，他设想将一台车放在类似雪橇的滑车上发射出去，以高速穿过隧道。几天之后，基于为度过堵车时间而做的初级数学思考，一家公司诞生了。现在断言马斯克的各种公司将有多么成功，还为时尚早——就我来说，我不会赌他输——但仅是这些建立于数学直觉之上的公司的存在，就已经产生了正面的影响。

通过为我们提供强大的思想工具，数学能改变我们思维的运作方式。当学习数学时，我们就在学习着去发现模式，去合乎逻辑与系统化地思考、进行类比，以及透过表面的差异而进行抽象的观察。我们也学习进行推理与演绎，寻找隐藏的预设，从第一原理进行证明，通过排除某些可能性而得到谜底，制定和运用策略以解决问题，进行估计与"大致"计算，我们也学习去理解风险和因果关系，并判断数据何时重要或无意义。

不知道如何运用数学思维，一般来说，会让我们更不健康、财务上更不安全、创新性更差、生产力更低、好奇心更弱、更不聪明也更不快乐。它也让我们更容易犯错误、不理性、更加迷信并更易受煽动家影响。数学盲损害我们的经济，恶化我们的环境。如果我们在教育上不能让每个人尽展潜能，这种失败还会导致许多其他难以估量的损失。

数学与心灵

　　2004 年，我应邀到伦敦一所学校做一堂演示课，这所学校地处市中心一个非常贫困的社区。课间休息时我观察玩耍的孩子们，发现整个操场上都是相互追打的场景。不在打架的孩子们围成一圈，为打架的孩子加油。有几个孩子因为受伤而不得不被带离操场，在操场监督的老师们也无法叫停打斗。

　　我曾应邀为这个学校有行为问题的班级教授数学。我对班上那些十一二岁被认为是困难学生甚或暴力学生的孩子们说，当我像他们那么大时我以为我很笨，而且也学不好数学。我说，如果他们不理解某些地方，他们可以让我停下，并请我再次解释这些地方。如果他们没有学到东西，那是我的错，不是他们的。然后我教他们阅读二进制码，在电脑中代表数字的一连串 0 与 1。学生们似乎都把自己当成了小小密码破译员，要求我给他们越来越长的密码。我表演了一个读心的小把戏，他们弄清了这个把戏与密码之间的关联，并且都想上前来表演这个把戏。在我来到这个班的第三天，当老师和我一起进入教室时，孩子们欢呼了起来。

很少有人会将数学与社会公平联系起来。但是数学是一个改变弱势孩子自我评价的理想工具。我无法在一堂课里让一个班里的所有 6 年级学生，都达到以同等流利的水平去阅读一篇故事或散文，但是我却能够仅用一节课就让整个班的数学程度达到大概同等水平，因为数学可以分解为很多细小的步骤（或概念线索），因为它可以通过让每一步增加一点点挑战性而产生巨大的兴奋。

弱势学生从学好数学里获得的自信，能够鼓励他们在生活的其他方面做得更好。当孩子们发现他们能够学会数学，他们就会开始相信自己能学习任何东西，因为数学被认为是困难科目。在伦敦，一个 JUMP 的试点项目显著提高了那些困难学生的通过率，一位教师反馈说，有行为问题的学生会训斥其他在数学课上捣乱的人，因为他们在数学课堂上十分投入。另一位老师写道，她的学生们变成了"大胆而独立的问题解决者"。在保加利亚的一个试点项目里，观察者反馈说，使用 JUMP 课程的班级，学生们会感到更快乐、更投入，也会更加合作。即便不是教数学，代课老师也能分辨一个班级是否采用了这种教学方法，因为采用了 JUMP 课程的班级，学生会更加投入，好奇心更强烈，能够更好地一起合作。

我曾在许多班里教过二进制码的课程，但是在温哥华的一个 5 年级班里，我经历了我最难忘的教学体验。在我的课上，当学生们正在解答我写在黑板上的一些问题时，我注意到一个看起来很害羞的男孩，他看上去要比他的实际年龄小。他俯身趴在桌子上，正快速在一张纸上边写边算。当我扫视他那张纸时，我注意到他正写下从 1 到 15 的数字，并将它们译成二进制码。

如何将一个数字写成二进制

因为我们有 10 根手指，我们的数字系统围绕 10 的倍数建立。对于一个人来说，数字 1101 代表有 1 个 1000、1 个 100、0 个 10 以及 1 个 1：

千位	百位	十位	个位
1	1	0	1

电脑中的线路基本上只有两种状态——通电或者断电——所以电脑只能有效地处理两个符号。这就是为什么电脑只使用含有两个数字（0 与 1）的数字系统，其中每个位置的值都是 2 的倍数。对于一台电脑来说，二进制数 1101 代表的是 1 个 8，1 个 4，0 个 2 与 1 个 1：

八位 （Eights）	四位 （Fours）	二位 （Twos）	个位 （Ones）
1	1	0	1

为找出这个代码表示的数字，可以将图表中每一个 1 上面出现的任何 2 的倍数加起来。因为八位、四位与一位下面各有一个 1（即 8+4+1=13），所以二进制码 1101 代表数字 13。同样地，1010 代表 1 个 8 与 1 个 2，也就是 10。

如上图所示，将一个给定的二进制数换算成通常的数字相对容易，而将一个数字转译为二进制则会稍微困难一些。我已经教过学生如何将二进制码转换为数字，但是那个男孩自己找到了如何将数字变成二进制码的逆运算方法。当我要把这个方法教给学生时，我拿起男孩的这张纸，向班里展示了他所做的成果。然后我让班里的同学像他做的那样去想出解码的方法。

当这堂课结束时，老师告诉我，在决定是否让这个男孩参与课程时她曾感到非常紧张，直到最后一刻才决定让他进来。悲剧的是，这个男孩天生心脏较弱，他的身体状况特别糟糕，被预测只能再多活几年。他的数学一向不好，而且当他遇到困难时可能会变得非常焦虑与沮丧。为保护他的健康，老师不得不小心翼翼的，以免给这个男孩带来过大的压力，她之前一直很担心这个小男孩会在我的课堂上焦虑发作。

后来老师发给我一系列邮件，告诉我这个男孩取得的进步。她说，我的课程让他变得"自信心高涨"，那天下午他回到家，制作了自己的二进制本，在本子上写满了他的演算。最终他告诉父母，希望他们请一个辅导老师来帮助他赶上课程，因为他决定了将来要做一个数学家。那一年，在辅导机构与学校里，他都取得了非常显著的进步。在他上一个生日时，他坚持要离开生日派对赶回家，因为他不想错过自己的数学课程。

我也记得那个班里很多其他学生，因为他们在课堂上都兴奋万分。一个女孩想到，她可以将一些灯泡排成一排从而制造一台"计算机"（其中每一个灯泡代表二进制中的不同数位），点亮一串次序正确的灯泡就代表一个给定的数字。有几个学生在我做读心把戏时用的图表中发现了一些有趣的模式（此前我并没有注意到）。还有一个男孩给我写了一封相当特别的信。当我读这封信上的日期时，一度怀疑这个男孩没有被教过如何正确书写日期，然后我才意识到它是用二进制码写的。下面是这封信：

11111011000 年，1 月 11010 日[1]，星期三

亲爱的约翰，

　　谢谢你 1 月 11010 日来我们班教我们二进制码。我很享受学习怎样阅读二进制数字。我以前总以为转译像 2008 这样大的数会很难，但是你让它变得如此容易，当我把你的方法教给我上 1 年级的兄弟威尔时，他几乎变成了一台

1　2008 年 1 月 26 日。——译者注

计算机！

他已经加倍算到了 500 亿左右！

以前他并不擅长数学，但是上周他将乘法表记到了乘以 11。有供三年级学习的 JUMP 数学课本吗？我想他接近这个水平了。

如果能得到帮助，此致感谢。

来自贾斯珀

在信的背面，从上到下排成一列，贾斯柏写下了 2 的幂（1，2，4，8，16…），这些是二进制码的基数。在这一列的底部，在数字 4,394,967,246[1] 旁边，他写下"威尔最后一个双倍数"，而且在数字 33,554,432[2] 旁边，他写了"有趣的数字"。显然，威尔和他的兄弟也发现了直至 43,046,721[3] 的 3 的一系列幂，因为它们也被写在纸上。我没有想太多，至今不太清楚为何 33,554,432 是一个有趣的数字。但孩子们常常能看到我忽视的东西。

相信自己能力的孩子，会像喜欢从事艺术或体育那样喜欢做数学。他们热爱克服挑战，热切地去发现或理解某种美丽、

1　原版书如此，但这个数字并非 2 的幂，很可能为另一个数字 $4,294,967,296=2^{32}$ 误印。——译者注

2　2^{25}。——译者注

3　3^{16}。——译者注

有用或新鲜的东西。他们会很高兴地花数小时去解决谜题、发现模式和寻找联系。但是多数孩子会在他们长大之前失去这种好奇心与惊奇感，就因为在这个社会中，我们对自己的期望太少。

如果孩子们不能在可见的世界看见美——比如一座白雪覆盖的山峰，或繁星闪烁的天空——我们就应该反思他们被教育或抚养长大的方式了。但是在无形的自然规律世界里，也有一种美，存在于每一个细胞与每一颗星星的优雅模式与对称性里，这种美只能通过数学来理解与欣赏。当人们无法发展自己看见世界这一方面的能力时，我们是否也该对此感到忧虑？

理念的世界里没有匮乏。当某个人理解了一个概念，它的美丽不会消耗或被用尽。一个人学到更多，不会造成另一个人学得更少。但目前，我们教育体系中的一切，似乎都是为了让真正的知识变得稀缺，让那些最深刻的思想不被所有人掌握，而只为少数人所拥有。如果他们足够幸运的话，从中学毕业的学生可能还相信自己有一两种天赋，但学校提供的科目大多是他们不感兴趣或根本学不会的。对于很多人来说，在12年这相对短的时间内，大多数兴趣之门就永远关闭了。

著名环保主义者与《寂静的春天》(*Silent Spring*) 的作者蕾切尔·卡森（Rachel Carson），曾写道："那些凝视地球之美的人将找到与生命一般持久的力量储备。"[13] 推动建立美国第一座国家公园的约翰·缪尔（John Muir），曾提出自然可以为我们提供"无限的快乐源泉"。如果人们被教导从每一个层面看见世界之美，并能用他们的智慧与感官去欣赏世界的美妙设计，那么他们就可能会汲取比卡森与缪尔提到的更深刻的力量和快乐。他们也将理解世界如何相互联系、个体选择的微小效果会如何快速地累积。因此，他们将有更精细的风险意识，并能更好地保护环境。他们甚至可能受到启发，在自己的生命中腾出更多空间去感受大自然不竭的永恒与怡人的美丽——包括那些你只能通过数学才能欣赏的部分。

任何能思考的人都可以领略世界的隐藏之美。我们不必为这珍贵资源的份额而相互竞争或争夺。如果能穿过学习数学时容易感受到的恐惧与迷雾，成人可以清晰地看见这种美，也就会希望每一个孩子也能看见它。他们不会让孩子们失去学习的激情，也不会让孩子们养成有缺陷的、破坏性的思维方式，这些都是智力贫困的产物。为恢复我们用智慧与感官去洞悉世界的能力，我们需要从检视关于能力和智力的迷思开始，这些迷思阻止了包括我自己在内的许多人在数学与科学领域实现他们的全部潜力。

第 3 章

因为你的答案是对的

Because You Get the Right Answer

20 世纪 60 年代，在我成长过程中，我的父母买了一系列时代－生活公司出版的图书，它们激发了我对科学的兴趣。这些书有很多漂亮的图片与有趣的思想，涉及行星、海洋与动物王国等主题。我最喜欢的一本书叫《心智》（*The Mind*）。在书的中间部分我发现一幅画，上面是 17 位天才人物，他们在各自的领域做出了杰出的贡献。在每个肖像上面，艺术家用非常华丽的字体写下人物的名字与 IQ（智商）。

在我的童年时期，我常会去看那幅画，就像别的孩子研究棒球分数一样研究着那些 IQ 数字。对于每一个个体而言，都会有一个数字可以告诉你关于他们智力的一切，这个想法让我着迷。因为画上的这些 IQ 数字呈现在一本科普书中，所以我想它们是非常精确的，并由此知道了歌德是比伽利略重要得多的思想家，因为他的分数要整整高出 25 分。

我阅读其他有关大脑的图书，包括我在姐姐的书架上发现的一本有关儿童天资的书（她在大学学习心理学）。我不理解书里的所有内容，但有两个事实始终显得很清楚：IQ 是某种你从父母那里继承的东西，并且它绝对不会改变。这意味着不管我携带着怎样的 IQ 能力降生，我将不得不与之相伴一生；无论我做多大的努力，也无法将我的 IQ 分数改变哪怕 0.1。作为一个孩子，我常常幻想自己像《心智》中的天才们那样，发明或发现一些新东西。因此，我担心我天生的智力可能太低，不足以使我完成任何原创或有趣的东西，这种顾虑就像加尔文教派的观点一样恼人，他们认为你无法做任何事以确保自己在天堂的位置：被选定者是预先注定的，而其余的人无论多么努力地自救，都注定要受永恒的折磨。

过去几十年来，科学家已经发现了许多对学业与生活的成功至关重要的心智与行为特质，但它们并不被包含在 IQ 测试之中：这些特质包括创造性、坚持与推迟得到满足的能力、与他人合作的能力、通过试错找到问题解决方案的意愿、以证据与事实为指引的意愿，以及小心遵循逻辑与理智的基本原则（而非依据偏见和一厢情愿的臆想）来与世界打交道。在第 6 章"成功心理学"中，我将介绍多种策略，成人可以利用它们来培养更有效的思维习惯，而教师也可以利用这些策略来帮助学生成为更灵活和更高效的数学学习者。

科学家们也已经发现了证明"流动智力"（我们用来解决新问题的智力）是可塑的证据，它能够通过训练来提高。例如，几年前，心理学家阿利森·麦基（Allyson Mackey）与西尔维娅·邦奇（Silvia Bunge）让一组 7 ~ 10 岁的孩子玩需要进行大量推理的商业棋盘游戏（例如"高峰时刻"，其中玩家需要在遵守道路规则的同时设法找到躲避交通堵塞的方案）。让孩子们每天玩 1 小时，一周玩两天游戏，接连 8 周之后，孩子们在推理测试上的分数增加了 30% 以上，并且 IQ 分数平均增加了 10 分。[1] 在 1990 年代，心理学家詹姆斯·弗林（James Flynn）发现，过去 50 年来人们的 IQ 分数在稳步增长，多国平均增速为每 10 年增加 3 分，最显著的增加发生于流动智力方面。心理学家对这种"弗林效应"提出了多种解释——包括大众接受了更高水平的教育，以及工作对员工的认知能力提出了更高的要求——但无论原因是什么，该现象说明人们可以更加熟练地掌握 IQ 测试衡量的技能。

1997 年，当 JUMP 还仅是我公寓里的一个辅导班时，我得到了在电影《心灵捕手》（*Good Will Hunting*）中出镜的机会。这部电影的室内场景在多伦多大学拍摄，电影的编剧马特·达蒙（Matt Damon）与本·阿弗莱克（Ben Affleck）请数学系推荐一位顾问来检查剧本中关于数学的内容。因为与其中一位制片人的沟通有误，最终我没有作为数学顾问参与剧本工作。我的老物理学教授，派翠克·奥唐纳（Patrick O'Donnell）得到了这份工作。但是导演让我在其中扮演一位研究生——汤姆，他嫉妒主角威尔·亨廷（Will Hunting）。我喜欢与艺术家团队一起工作，他们都特别慷慨并善于激励他人。但在拍摄进行了几天之后，我对在电影剧情中大肆渲染像威尔这样的天才是天生的，而非后天努力的结果，感到非常不安。我问编剧与导演，我能否在电影中加几句台词以提供一个关于能力的不同看法。他们理解我的担忧，心态也足够开放，因此允许我扮演的角色汤姆说出下面的几句话："大多数人从来都没有机会能看到他们自己有多优秀。他们没有遇到相信他们的老师。他们被说服从而确信自己是愚笨的。"

促使人们去检讨自己关于智力信念的一种途径，是向他们展示当教授方法得当时，数学可以变得多么容易。数学是改变人们思维模式非常有效的工具，因为多数人仍然相信，数学是本质上就很难的科目。他们倾向于像心理学家曾经谈论 IQ（智商）那样去谈论数学天赋。比如，他们会假定，数学上的成功是衡量一个人智力的极强指征，一个人要么生来便具有数学能力，如威尔·亨廷那样，要么就没有数学能力。我遇到过许多父母，他们告诉我并不期望自己的孩子数学可以学得很好，因为他们自己就没有遗传这种天赋。

行家心态

认为儿童需要生来具有某些能力或从小培养某些能力，才能在某些智力领域上脱颖而出，比如象棋或数学或物理，这种想法深入人心。这种观念最极端的一种形式认为，智力由我们的基因硬性植入我们大脑中，只有具备适当基因种类的人才能发展起来某种能力。幸运的是，这种简单化的遗传学观念从20世纪末开始消退，当科学家发现基因被另一套分子系统（附着在我们的 DNA 上）控制，这套"表观遗传"系统可以使基因表达自己或保持休眠，而其调控途径受到个人生活条件或他们所处环境的极大影响。正如大卫·申克在《我们都是天才》里所写：

> 基因——所有两万两千个基因，不是写好的蓝图，而更像是音量旋钮与开关。想像你身体里每个细胞内都有一个巨大的调控板吧。
>
> 这些旋钮与开关中有许多能够同时被另一个基因或微小的环境影响，从而调上／调下／打开／关闭。这种翻动与转折持续不断地发生。它始于受孕的那一刻，直至咽下最后一口气才终止。这种基因—环境之间的相互作用过程

推动形成每一个独特个体的独特发育路径，而不是硬性规定让某一种特质必须如何表达。[2]

　　科学家也已经发现，大脑的结构并非像他们曾经以为的那样在童年时期便完全固化下来，因为有新的体验与学习，成人的大脑仍不断地在单个神经元之间创造新的连接、形成新的神经元网络。在 2000 年发表的一项著名研究中，埃利诺·马奎尔（Eleanor Maguire）发现，伦敦出租车司机的海马体（大脑中负责处理空间信息的部分）比公交车司机要发达得多——出租车司机为了谋生必须穿行于巨大而超级复杂的街巷网络，而公交车司机则总是沿同样的路线行驶。[3] 自此之后，在许多领域包括音乐、体育与医药领域的研究都显示，当大脑的某个区域通过练习反复激活——正如一个人在发展某项新技能或获得新知识时那样，大脑的结构可以发生极大的变化。[4]

　　在 20 世纪 90 年代初期，心理学家安德斯·埃里克森（Anders Ericsson）开始了一系列研究，为探索人们发展非凡能力的途径提供了新的启示。在其中一项研究中，他对柏林艺术大学的一组高等级小提琴学生进行了大量的访谈，试图从他们的音乐生涯中找到一些东西来解释他们的才能。他收集了大量数据，包括他们的师承，他们曾经上过的课程数，他们开始学习演奏的年龄，他们曾经参与的竞赛数量，在组团合奏之外他们又有多少小时的单独演奏，还有他们在听音乐或学习理论上所花费的小时数。当他根据教授给出的学生们的排名来对比这些数据时，埃里克森惊讶地发现，仅有一个因素将这些非凡的小提琴家与那些仅仅不错的学生区分开来：最有天赋的演奏者明显花了更多的时间练习他们的乐器。自此之后，许多其他研究重复证实了这一点：在任何领域最有天赋的人，总是比他们的同僚花费更多的时间来练习。

埃里克森与其他心理学家也发现，在某些领域（比如象棋、音乐表演与竞技体育），经过数世纪的进程，专业教师与从业者已经发展出远比非专业者常用的练习方法更为有效的方法，以提高自己在专业领域内的表现。例如，为提高自己的象棋成绩，不知道如何高效训练的人们通常一次又一次地进行全盘比赛。但是心理学家发现，棋手可以采用逐步进阶与专注目标的方式进行练习，以大大加快进步速度：这可能是仅使用部分棋子下一场迷你比赛，不断复盘直至你能看出最佳走法，深入分析某一个步骤，研究大师棋手的走法并记住高效的步骤与强势的布局。在第 5 章，我将讨论一系列教育理念，这些理念非常流行，并导致教育者发展与推广了一些效果不佳的练习方法，使得数学学习看上去比其实际更困难。

心理学家卡罗尔·德韦克曾指出，人们的"思维模式"在学业成就中扮演着非常重要的角色。[5] 有些人思维模式固化，相信他们只能在某一个他们格外"聪明"或具有天赋的专业上脱颖而出。另外一些人具有"成长型"思维模式；他们相信自己的成功取决于努力与坚持的意愿。德韦克表明，具有成长型思维模式的学生在学校里做得更好，因为他们具备更富有成效的思维习惯。而思维模式固化的学生容易回避工作，当他们必须努力学些什么的时候容易放弃。在他们的意识中，如果你必须用功，那么说明你没有天赋。德韦克也揭示，相比于夸奖学生聪明或有天赋，当老师夸奖他们坚持不懈和用功努力时，学生的表现会更好。在看过一堂 JUMP 课程的录像之后，德韦克说："JUMP 数学课程在无形中已经包含了成长型思维模式的许多原则……孩子们以一种令人兴奋的步子前进，感觉它应该困难但是对于他们又不是太难……他们都有取得进步的感觉，他们都觉得'我能做好它'。"

在德韦克所观察的课程中[6]，我给学生提出了一系列他们总是能够克服的挑战，因为成功所需的技巧和概念都内嵌于这些挑战之中。这堂课向每一个学生展示，他们在努力用功且不放弃的情况下能够能完成什么，不再去强化那种认为只有一小部分具有特别天赋的学生才能做数学的观念。

20 年前，当我规划着在我的公寓开始一个免费辅导项目时，我不太确定让这个辅导课程的老师们教什么科目。我自己曾经教过一系列科目——阅读、创意写作、哲学、批判性思考、数学与科学——我能看出在所有这些领域，帮助落后学生都能让他们受益。但是最后我选定了数学，正是因为它被普遍视为非常困难的科目，而我知道实际上它很容易教授。

德韦克观察的这节课，是给内城 6 年级的学生上的，在课程结束时，他们都能够解答同样的周长问题。但是课程开始时并不顺利，当时，我让学生照黑板复制如下图所示的 L 图形，并在他们的图形上写下每一条边长。

当我请老师们预测图中哪一条边最可能被学生们忽略标注，很多老师试探说，学生很可能会忽视图形拐角的某一条边。而这正是我这堂课开始时出现的情况。当检查学生们的作业，我惊讶地看到，有 1/5 的学生在拐角的边上只写了一个数字 1（因为拐角处有两条边，他们本应该写上两个 1）。

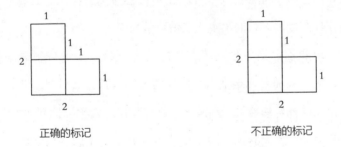

正确的标记　　　　　　　　　不正确的标记

我不得不花费一些时间帮助这些学生纠正错误，同时让其他人做一些额外的题目。但很快，所有学生都能够找出更复杂图形的周长了。他们也能解决一些涉及给图形加边以扩大面积但周长保持不变甚至减少的难题。

在课程的后半段，我让学生画出尽可能多的周长为 12 的长方形（边长都为整数）。我惊讶地发现，有的学生在画矩形时，在画出一条长为 1 的边之后，画出的另外一条边长为 11。

1 |
　|_____
　　　　　　　　　11

显然，这些学生根本不知道周长是如何包围图形的——他们没有意识到，如果长边为 11，那么整个周长就会用尽。我不得不给他们时间让他们去画出不同的边长，直到他们明白，如果矩形宽度为 1，长度只能是 5（否则周长将超过 12）。很快我就能给出他们更复杂的题目，给定一个图形的周长，要求他们计算未画出的边的长度。在课程结束时，所有的学生都能解答同样的问题。

如果我在教一个不同的科目，特别是那种需要很强的阅读技巧或大量背景知识的科目，我可能很难让所有学生都做同样的作业，即使我已经跟他们一起上过很多节课。但是在数学课上，通常在一两节课之内我就能让所有学生都处理同样的材料。为了让所有人都跟上课程内容，我常常只需要回顾少量的技巧或概念，或者抓住少量的错误理解。

　　我在本书中讨论的教学方法，对于任何科目的教学都效果良好，但是，由于我将在第 4 章、第 5 章、第 6 章中更充分地阐明理由，数学是这些方法能产生的最即时、效果最深刻的科目。没有其他科目能如此之快地拉近学生之间的差异、如此容易地塑造富有成效的思维模式。不要以为数学是少数杰出的人才能学习的东西，我们需要把它看作一个创造更公平社会的有力教育工具。

为什么你要"颠倒来乘"

　　在第 1 章，我描述了来自各个领域的大量研究——包括逻辑、认知科学和童年早期发育——都为我的这个信念提供了支持：数学学科本质上很简单，而高层次的数学思维建立在非常基本的认知功能之上。最近一项由法国神经学家玛丽·阿玛尔里克（Marie Amalric）与斯坦尼斯拉斯·德阿纳（Stanislas Dehaene）完成的突破性研究，为此观念提供了更多的支持。[7]

　　阿玛尔里克和德阿纳让一组数学家与非数学家回答一系列的问题，这些问题涉及复杂的数学与非数学主题，在回答的同时用功能磁共振成像（fMRI）来追踪他们大脑有哪些部位被激活。当实验对象思考非数学问题时，扫描显示，他们运用的大脑区域一般涉及语言处理以及语义的区域。但当数学家思考数学问题时，令人相当惊讶的是，扫描显示，他们活跃的神经网络与年幼儿童思考数学时所用的区域相同。基于这些结果，研究者推测，高等数学思维的复杂机制，是由我们与许多灵长类共有的关于数字与空间的简单直觉建构起来的。根据阿玛尔里克的说法，结果显示了"高水平的数学反射重新利用了与古老数字及空间知识有关的脑区"。[8]

当各方面的证据表明人人都可以学好数学，但却有那么多人仍在数学上挣扎，要理解这种状况，我们需要仔细检视教育中存在的系统性问题，它使得教师难以滋养学生的全部潜能。直至最近，全北美使用的数学教学课程与资源之中，仍然只有极少数经过严格的科学研究检验，因此教育者与父母常常被诱导去采用一些听上去非常先进和有吸引力的指导方法，但它们可能缺乏有力的经验证据。

例如，当父母、老师或管理者为学生挑选资源时，会试图找到他们认为最吸引人或有趣的材料。但是他们的选择很少依据严谨的研究。2013 年，俄亥俄州立大学的心理学家珍妮弗·卡明斯基（Jennifer Kaminski）与弗拉基米尔·斯劳斯基（Vladimir Sloutsky）用两种不同类型的图来教两组小学生读条形图：一种带有堆叠的鞋子或花朵图，另一种更抽象，只有单纯的条形图。（参见下图）

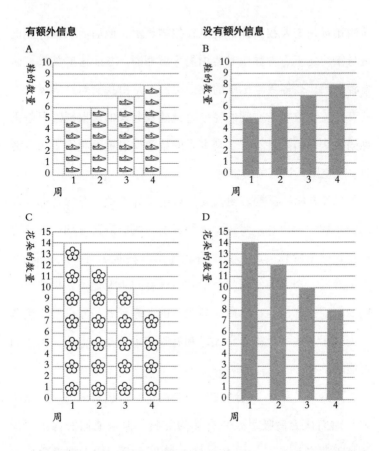

研究者问教师他们会给学生用哪种图，大多数人选择的是有图画的图形，因为它们更吸引人，而且表达了问题中的物体。然而，研究显示，学生用单纯的灰色条形图会学得更好。当条形产生变化以反映物体数量的加倍时，用纯色条形图学习的学生能更好地读出图像的信息。而用有实物图教学的学生，则会因为数这些物体而分心，因此不会看到条形所代表的量。[9]

在第 4 章到第 6 章，我将给出其他一些实际上会抑制学习的流行教学方法（通常都是一下引入太多新的信息而使得大脑忙不过来）。

教师常因学生考试低分、教学计划低效，以及学校失败而被指责，但在我看来，教师并不是这些问题的最终负责者。实际上，我认为教师应该被称赞，因为他们尽其所能地帮助学生，尤其是他们被要求使用的教材与指导方法有如此之多，而认知科学家认为这些方法注定是低效的。当教师有机会接触到认知科学方面的研究（在他们的职业培训中还很少接触这方面的知识），以及改善教学实践的机会，我发现教师们通常都会抓住这样的机会。

很多老师，特别是初级水平的教师，会承认他们对数学没有深刻理解，也不热爱教这个科目（尤其是涉及像分数或代数这类主题的时候）。在卡尔加里市教师大会的一场主题演讲中，我曾问七百位老师，为什么当你用 $\frac{2}{3}$ 去除 7 时你可以将分数颠倒然后再去乘（或为什么 7 除以 $\frac{2}{3}$ 等于 7 乘以 $\frac{3}{2}$）。

$$7 \div \frac{2}{3} = 7 \times \frac{3}{2}$$

听众中有人喊道："因为你的答案是对的。"

在过去 10 年里，我曾问过数以百计的老师，为什么当你除以一个分数时可以将分数颠倒之后再乘。仅有少数几个人能给我一个简单的解释。大多数人承认，他们把这个做法当作规则来学习，但从未理解过它。如果他们真的知道一个解释，通常是很复杂的那种，涉及将除式的两项都乘以一个分数。不幸的是，这种解释是简单地用一个未解之谜来替代另一个，因为多数老师也不知道如何解释分数的乘法。

因为少有人理解，为什么当除以分数时需要"颠倒来乘"，当我想说服某人数学并非如他们所想的那么难时，我常常会用这个题目来举例。我鼓励你在这里跟我一起尝试，自己去理解这条规则为何有效。

如果你想在成年后重新学习数学，回到起初你开始挣扎或感到迷惑的程度会有所帮助。对于很多人来说，这意味着回到 3 年级，因为在每一处有关除法的陈述中都存在有模糊的东西，很多老师都没有注意到，也没有向学生阐明。如果我让你把 6 个东西除以 2（即 6÷2），你会对那 6 个东西做些什么？

有些人如此分开 6 个东西：

但不幸的是，对于 3 年级的儿童来说，这种分法不是唯一的可能。有些人可能将 6 件东西按照下图这样分开：

两种答案都是对的：除法的陈述（6 ÷ 2）是含混的。

在第一种情况里，在示意图中 2 指示的是什么？

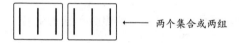

←—— 两个集合或两组

在第二种情况里，2 指示什么？

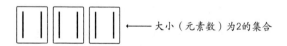

←—— 大小（元素数）为2的集合

为了理解在 6÷2 这个除法表达式中 2 的含义，你需要一个语境：你需要知道你拿到的是分组数量还是分组的大小。不管你所用的模型是什么，都存在同样的模糊性。例如，假设你有一条巧克力，上面有 6 片，6÷2 意味着什么？它可能表示将 6 片巧克力分成两组：

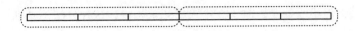

或者意味着将 6 片巧克力分成 2 片一组：

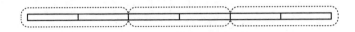

重申一遍：你既能将除数（这里是 2）解释为希望将 6 切分成的组数，也能解释为希望切分得到的分组大小。

现在考虑这个除法表达式：$6 \div \frac{1}{2} = 12$

我发现，相比于用"分组的组数"这种解释，低年级学生更容易理解"分组大小"的解释，并以此来理解这个表达式。（让学生理解"将 6 分成它的一半"要费一点功夫。）

在"分组大小"这种解释下，6÷1/2 这个表达式的意思是：将 6 分成大小为 1/2 的分组。为理解此意，我们来看一个模型，它会帮助我们识别示意图中的单位 1 是什么（你必须知道 1 在模型中的表示）。我们可以用一系列线段来代表一条有 6 块的巧克力。

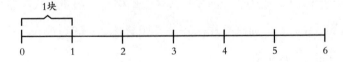

如果我想将巧克力条的第一块分成它一半的大小，我能得

到多少块巧克力？但愿你能看出答案是 2。

现在，如果我将其余的每一块巧克力都以同样的方式分开，我能一共得到多少一半大小的巧克力块呢？你能看出，答案是 12。

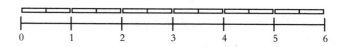

所以 6 除以 1/2 得到 12。

$$6 \div \frac{1}{2} = 12$$

现在，假设我将 6 除以 1/3（即 6 ÷ 1/3），切分第一块的话我能得到多少个 1/3 大小的巧克力块？（3）

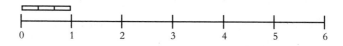

如果按照 1/3 块的大小切分整条巧克力，我们能得到多少个 1/3 大小的巧克力块？（18）

当我给年龄较小的学生上课时，我常说："现在你遇到了大麻烦。如果我给你一个我画不出来的问题，比如 6 ÷ 1/100 时，该怎么办？"面对这种挑战，学生们就会变得兴奋起来，尤其是当他们在小组里，能在同学面前炫耀时。这种兴奋有助于他们集中注意力，使得他们能轻易地找到答案。

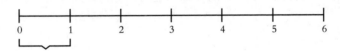

在每一段中有 100 个 1/100 大小的小段

所以$6 \div \frac{1}{100} = 600$

现在我问：你们有注意到模式吗？

$$6 \div \frac{1}{2} = 12$$
$$6 \div \frac{1}{3} = 18$$
$$6 \div \frac{1}{100} = 600$$

在每个例子中，你用怎样的运算找到了答案？你将被除数（6）乘以分数的分母（2、3、100）。（分母告诉你的信息是，你想将每一段巧克力切分成多少小段。）

现在我希望你能看出，当你想将一个整数除以一个分数（分子等于 1）时，为什么你要颠倒分母相乘。如果你想知道当

分数的分子不等于 1 时为什么颠倒分子分母来相乘，你可以到
JUMP 数学网站上观看这个视频"JUMP 数学之除以分数：颠倒
与相乘为什么管用？"

当通过一系列苏格拉底式的提问与逐步递增的挑战，成人
发现可以如此容易地学会那些曾在学校感到困惑的东西，他们
会感到自己变聪明了一点。但是他们可能仍然不相信自己能够
学会更高水平的数学。他们设想，数学中有种隐藏的深度，只
有别样的头脑才能够一探究竟。特别是，他们拒绝相信自己能
够发展出解决问题的才能。

很多大人解答不好这种很基础的问题："一个人站在队伍中
的第 2152 位，第二个人排在第 1238 位，他们之间有多少人？"

多数人会用减法找到答案，但是如果你问他们怎么知道自
己的答案是正确的，他们却常常说不出来。我恰好知道这种解
法会得到错误的答案，但这并不是因为我天生有洞察之能。作
为一个数学家，我知道解决问题的基本策略。在正面对付一个
困难或复杂的问题之前，我一定会试着去创造一个该问题的简
单版本，先来解决它。

对于上面这个问题，我会画出或想象有 5 个人在排队，并
测试排队者中两个人的位置序数相减是否能得到他们之间的间
隔人数。如果一个人在队中排第 4 个，另一人是第二个，然后
相减得到数字 2，但是显然在他们之间只有 1 个人。减法给出
的答案始终会多出 1 个。受过解决问题方法基本训练的学生，

很快就会在解决复杂与看似困难的问题中体会到飞涨起来的自豪。在下一章，我会更详细地检视解决数学问题的最有效策略，并展示采用这些策略以及训练人们使用它们，是多么容易的一件事。

数学的某些领域需要特别的技巧（像可视化的能力，以及在头脑中进行二维与三维图形变换的能力），直至最近，这些能力似乎仍然被认为是天生的。但在 2013 年，尤塔（D. H. Uttal）对 20 年来空间训练的研究结果进行了综合分析，该分析指出，在所有年龄组中，空间推理能力都能通过一系列活动得到提升。[10] 这些活动包括拼图、电子游戏（像俄罗斯方块）、搭积木、涉及艺术与设计的任务。另一些较新的研究也确证，通过玩一些现有的游戏，孩子与成人可以发展大脑的可视化能力及空间图形操作能力。

我现在所描述的问题解决策略可以被广泛应用于不同领域之中。当我为写这本书而进行研究时，我遇到了如下的问题：想象将一张纸折叠三次，如下图中上排图形所示，然后将折纸剪去一角。当你打开这张纸，它看起来会是什么样子？（图 A、B、C 或 D）

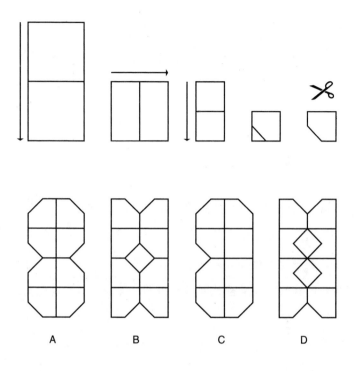

A B C D

为了解决这个问题，我首先会尝试"解决一个更简单的问题"策略，此前已经介绍过。我设想将一张纸折叠一次，然后尝试在头脑中找出在不同剪裁方式下打开后会是什么样子。这个相对容易，但显然我离解决问题还差两次折叠。然后我记起另一个策略，即从答案或最后的结果往回倒推。这种策略可以解决十分广泛的问题。不同于从一开始就搞清楚折叠次序的尝试，我先观察在一系列折叠后得到的图形（上面有剪刀的那个）。我发现我能够在想象中展开那个图形，并由此反向追踪剪纸的变化。

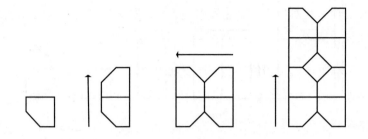

　　这是我在创意写作和数学研究中所依赖的诸多技巧与策略之一，这些方法也得到了有关大脑研究的支持。通过运用这些方法，我现在能更加容易地学习新东西、产生新想法，这远比我少年时代在学校的挣扎要容易得多，即使那时我的记忆力与专注能力更好。

　　当我 30 多岁返回大学学习数学时，与其他新生相比，我有一个显著的优势。我曾作为辅导老师工作了 5 年，所以我对高中教材有深刻的了解。在学习大学教程之前，我也已经做了许多功课，这使我开了一个好头。在第一学期里，我经常在测试中取得高分，但是第二学期，我在群论（代数的一个分支）考试中表现得很糟糕。当我拿到分数时，我记得自己几乎一整天卧床不起。我想我到达自己能力的极限了，我将不得不放弃成为数学家的梦想。那时我决定，将我阅读西尔维娅·普拉斯的书信时所获的心得应用于我的数学学习中。我开始以可控的小步骤来逐渐掌握概念，不断重复练习与复习我所学的东西，直至我最终学会了那些在考试中难倒我的东西。在我结束本科课程之前，我对群论有了足够多地了解，甚至可以去教这门曾令我挣扎的课程了。

说服孩子们相信他们有数学能力，相对容易一些：在一两节课之内，我通常就能让他们信心大增，愿意去努力学习数学。但是说服大人如这般努力就要困难得多。这是由我们在学校里的经验以及根深蒂固的智力等级观念造成的，我们都心怀恐惧与不安，以致太轻易放弃，并且常常会假定对于我们的天赋而言，每一个困难都是不可打破的天花板。这就是成人需要去学习并了解自己的大脑如何工作的原因，这样一来，他们就可以培养出富有成效的思维习惯，并识别让学习变得更容易的指导方法，排除那些会让头脑过载、让数学及其他科目学起来困难重重的方法。

开创智力测试的阿尔弗雷德·比内（Alfred Binet）曾写道："有些人断言一个人的智力是不能增加的定量。我们必须抗议和反抗这种残忍的悲观主义。"[11] 一百年之后，我们依然受这种残忍的悲观主义的影响，并且是以我们几乎无法察觉的方式。我花费了许多年才认识到，我的智力与艺术潜能并不取决于我的智商（IQ）或者是我某次在学校得到的不及格分数。但是多数儿童，即便是在最富裕的学校，都不会幸运到对自己作为学生的前景充满乐观。为消除智力贫困，我们需要摒弃这种观念：人在艺术与科学上的天赋与倾向存在着巨大的差异。并且，我们必须停止强化这些观念，停止使用那些让大脑过载、导致多数学生怀疑自己能力的教学方法。

在下一章，我将展示一种我称为"结构化探究"的教学方法[12]，这是一种适用于数学的成熟实践。我将展示，通过这种方法，对自己能力缺乏信心的平常人也能学会解决那些看似非常困难的问题，包括在数学奥林匹克竞赛中出现的问题。

第 4 章

策略、结构与毅力

Strategies, Structure and Stamina

我想，在我的幼儿园老师一边弹着她的立式钢琴，一边让我们全班围成一圈走的那天，我就决定了以后我永远不会成为一名音乐家。有时她会打断行进，敲出一个音符并让我们给出这个音符的名称。我还记得，当我没有给出正确答案时的窘迫，还含着泪跑回了家。回想起来，我不必那么窘迫的。只有万分之一的人拥有在乐器演奏时识别任意音符的能力。这种能力称为"绝对音感"。

直到最近，心理学家仍然相信，除非天赋如此，否则人们是无法发展出"绝对音感"的。但是在 2014 年，日本心理学家榊原彩子（Ayako Sakakibara）设计了一项非同寻常的实验，对这一信念进行了测试。在几个月的时间里，榊原彩子训练 24 位

2 ～ 6 岁的儿童识别钢琴上弹奏的不同和弦。正如安德斯·埃里克森在《刻意练习》(*Peak*)中所介绍的：

> 所有的和弦都是三个音符的大和弦，比如由中音 C 紧随其后的 E 及 G 组成的升 C 大和弦。孩子们每天进行 4 个或 5 个简短训练课程，每课只持续几分钟，一直训练至每一个孩子都能识别榊原彩子选定的全部 14 个和弦。有些孩子不到 1 年就完成了训练，而其余的孩子则花费了一年半。当一个孩子学会识别 14 个和弦之后，榊原会对孩子进行测试，看他能否正确地给出单个音符的名称。在完成训练后，参与研究的每一个孩子都发展出了"绝对音感"，能识别钢琴上弹奏出的单个音符。[1]

这项实验的结果是开创性的，不仅因为"绝对音感"是罕见而非凡的天赋（大众普遍认为只有少数如莫扎特般的音乐天才才拥有这种天赋），还因为在榊原的实验之前，几乎每一个人都认为你要么生来有这种天赋要么没有。这项实验引发的问题是：还有什么其他非凡的智力或生理天赋——包括那些罕见的与被视为天生的天赋——可以通过类似榊原设计的训练项目来开启？

埃里克森对才艺杰出个体的研究有助于创立关于专门技能的科学，按照他的发现，普通人只有通过潜心练习才能发展出超常的能力。埃里克森的研究同时显示，某些练习形式会比其他形式更可能生成这些能力。

埃里克森称其中一种练习形式为"刻意练习"，在这种练习中，个人会设定清晰的目标，并花费大量时间逐步增加难度，将自己推出舒适区。有目的的练习者常常能看到自己技巧的提高，但因为没有人指导，他们的进步可能是无计划的或有限的。

据埃里克森所说，最有效的一种练习是有目的的练习与反馈相结合。在某些领域，老师与从业者会像榊原一样发展出非常有效的练习方法。当人们在专业教练的指导下有目的地练习——比如在竞技体育、国际象棋与音乐表演等领域的做法——他们使用的练习形式是埃里克森称为"刻意"练习的训练方法。埃里克森在《刻意练习》中描述的刻意练习方法（例如，将练习分割为可管理的小步骤，得到连续的反馈，逐步提高标准），与 JUMP 课程中成功实施的教学方法是一致的。这些方法可以被任何人在生命的任何阶段使用。

埃里克森提到，刻意练习不一定会提高一个人的思考能力、表现，或解决训练领域之外问题的能力。职业击球手能击中时速达 140 千米 / 时的球，但他并不一定比普通人有更好的反应能力。能与一打对手下盲棋的国际象棋大师，在回忆随机放在棋盘上的一堆棋子位置时，他的表现不比一般人更好。专家在其领域中表现出色，并非因为他们拥有比非专家更优越宽泛的心智或生理能力。他们之所以出类拔萃，是因为通过刻意的练习，他们能在自己专长的领域发展起更好的心智"表征"。

　　当国际象棋大师看到国际象棋比赛中的一个布局（而非一个随机的摆放）时，他们能够看到普通人看不到的模式。他们能感觉到不同位置棋力的优势与劣势，无须摆出所有的可能性就知道走棋的结果。他们的长期记忆中，存有大量相互关联的位置的"信息块"，他们可以在全局中毫不费力地回忆起这些信息块，因为每一个信息块的内容都以有意义的方式相互关联。从大量事实、规则、图像与关系中他们构建了心理表征，这些表征让他们能够看到非专家看不到的深层模式与结构。有些国际象棋选手甚至说，在棋盘上能看见"棋力之线"引导他们行棋。同样，职业棒球选手能在球离开投手之手的那一刻，看出球的轨迹类型——如果他们等待更久才开始反应，他们就不可能击中球了。

　　我认为，在数学课的设计上，采用对各种年龄学习者都适用的刻意练习课程是可能的，就像在国际象棋、音乐或运动等高度竞争性领域里培养专家的方式一样。为支持这种说法，我将展示老师们如何系统地训练学生去解决数学竞赛中的问题。在数学竞赛中表现突出的学生是稀有的，正如拥有绝对音感的人一样稀有。他们在学校往往数学成绩优异，并且通常后来会成为数学家或科学家。与此同时，学生用于解决竞赛类型问题的策略与步骤，正是我在数学研究中所用的东西。因此，如果训练人们解决像数学竞赛之类的问题是可能的，那么，应该也可以训练他们去做任何一类数学。而且，如果心理学家与认知学家能证实，人们可以通过训练来独立地解决此类问题，将有助于消除认为数学能力（或绝对音感）是天生的这种观念。

结构化探究

我心目中的教育英雄之一，是认知科学家丹尼尔·威林厄姆（Daniel Willingham），他同时也在研究创意写作。他在写作上的训练在他的谈话与文章中处处都有体现。很少有认知科学家具备他这样的才能，能将有关学习与教育的研究转化为对教育者有用的形式。20 年来，他不知疲倦地工作，以破解儿童如何学习的迷思，并给教师带去能提升教育实践的新观念与技术。

在他的著作《为什么学生不喜欢学校？》（*Why Don't Students Like School?*）中，威林厄姆给出了一则发人深省的关于大脑的判断："与流行的信念相反，大脑不是被设计来思考的。它的设计是让你不用思考，因为大脑实际上并不善于思考。"[2]

按照威林厄姆的说法，思考是"缓慢、吃力与不可靠的"。这就是为什么大脑最重要的功能通常不涉及思考：它们要么是下意识执行的（例如，我们运用感觉感知事物），要么依赖于被存入长期记忆中的技巧，无须太多心力即可实现（正如我们经过多年实操之后的开车技巧）。如果大脑没有进化到能自动完成其多数工作，人类就可能无法存续。

在数学中不难找到支持威林厄姆观点的例子。计算机执行计算时比人类要快速准确得多，它们能看见数据中的趋势与模式，而这些对于我们人类则是不可见的。历史上，即使是最基本的数学概念，人类的发现进程也十分缓慢。在做一对两位数的乘法时，一般的罗马人都会感到很困难，因为罗马的数字体系里没有位值和与 0 对应的符号。在多个世纪的进程中，为维持帝国商业的运作，罗马的会计师与税收官必定做过无数次计算，但是没有一个人看到在计算中运用 0 来占位的好处。即使在帝国崩溃之后，意大利某些地区的人们依然被禁止使用数字符号 0，因为它是波斯数学家发明的"异教数字"。

人们不太善于思考的一个原因是，他们常常缺少所需的知识或技巧，无法从遇到的不同领域问题中看到任何结构。某一领域的新手，通常只能看到该领域问题的表面细节，他们难以感知到问题中各种要素之间的关系，或者知道哪些关联是不重要的，哪些又是必不可少的。需要经历数年的学习和实践，他们才能看见这些问题中的深层结构。在威林厄姆的著作中，他引用了一个经典的实验来展示这种思想：

给物理学新手（上过一门物理课的大学生）与物理学专家（高年级研究生与教授）24 道物理学问题，并要求将它们分类。新手会基于问题中的物体进行归类：涉及弹簧的问题归于一类，用到斜面的问题归于另一类，以此类推。专家则不同，他们基于解答问题时所需的物理学原理进行分类。例如，所有依靠能量守恒来解决的问题被归于一组，不管它们涉及弹簧还是斜面。[3]

虽然人类不太擅长思考，但只要条件适当，我们依然喜欢思考，威林厄姆如此认为。当我们合理地相信，我们将体验到克服某种心智挑战之后那种由成功带来的满足感，我们就会享受解决问题与学习新的东西的过程。

威林厄姆的观察将一个相当棘手的两难困境摆在教育者面前。一方面，当人们相信自己的努力会得到奖赏时，他们就喜欢思考；另一方面，人们并非天生擅长思考，当认知条件不合适时，人们难以进行有效思考。此外，当我们需要同时吸收过多的新信息或运用太多新技巧时，我们的大脑很容易被占满。而且要想在没有任何协助的情况下，洞察某个领域的深层结构，则需要多年的学习与实践来发展起所需的专业技能。这就是为什么人们常常回避思考。正如威林厄姆所言："人们喜欢解决问题，但不是去攻克不可解的问题。对一个学生而言，如果学校的作业总是太难，那他不太喜欢学校也就不奇怪了。"[4]

结构化探究的方法正是为解决这种两难困境而设计的。它通过维持独立思考与引导性思考、过难与过易的问题之间的平衡，使得大脑的有效思考成为可能。在基于结构化探究的课程中，学生得以享受思考的过程，因为教师不会把答案填鸭式地灌输给他们，也不会剥夺他们自己探索和提出想法的机会。但同时，老师也要为学生提供大量的指导、概念框架、即时反馈与练习，因为他们知道，期待学生的大脑如同专家的大脑一样运作是愚蠢的。为阐明这种方法，我将从一个涉及深层概念又有许多实际应用的主题开始，该主题很少被透彻理解或精通。然后我将讨论这种方法在更具挑战性的竞赛问题上该如何运用。

在北美，学生会在 4 年级与 6 年级之间的某个时间，学习多位数除以 1 位数。在某些州，学生需要学会 4 位数除以 1 位数的除法问题，这类问题最早会出现在 4 年级的州考中。在我的培训会上，许多小学老师曾告诉我，只有少数学生能够处理好这种有着长长除式的过程（或"算法"），能理解为什么这种除法规则有效的学生就更少了。而我发现，我下面描述的方法既能帮助学生发现这种算法的步骤，又能在学习熟练使用这种算法时理解其中的底层概念。

通常，我在教这堂课之前会给学生简短复习一下除法的概念。我会让他们知道，除法的描述是含混的（如我在第 2 章中所解释的），你需要结合上下文来了解这个表达式意味着什么。我告诉学生，当他们学习多位的除法，有一个明确的上下文条件或从他们熟悉的除法模型开始会有所帮助。我在黑板上写下这个表达式，并且为了达成这堂课的目标，我告诉学生，他们可以将这个表达式解释为：3 个朋友希望尽可能平分 7 个 10 分硬币与 2 个便士（72 分）。（加拿大已经不再使用便士，但在我的课上，我仍然使用便士或更抽象的"一分硬币"，在 1 下面画一个圆圈来表示，因为它们有助于学生理解金钱与位值。）

当学生熟悉了我要在课程中使用的除法模型，我便让他们画图来表示他们如何在朋友间分享这些 10 分硬币。如果学生用圆圈表示每一个朋友，用 X 表示每一个 10 分硬币，示意图如下：

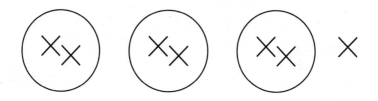

为确保让学生充分理解问题，我让他们告诉我示意图的含义：每一个朋友得到两个 10 分硬币，另有一个 10 分硬币剩余。

然后我告诉学生，如果他们刚好看到有个大人在做多位数除法的前几步，下图即是他们会看到的样子：

$$
\begin{array}{r}
2 \\
3{\overline{\smash{\big)}\,72}} \\
-\underline{6} \\
1
\end{array}
$$

我对学生说，大人们做多位数除法时，他们可能不理解自己在做什么，然后我挑战学生，让他们将示意图中他们看到的每个数字都识别出来，找出它们在每一步算法中的含义。学生们很乐意找出示意图与算法之间的关联，如下图：

$$
\begin{array}{r}
2 \quad\text{⋯⋯⋯⋯每个朋友都得到 2 个 10 分硬币}\\
3\overline{)7\ 2}\\
-\ \underline{6}\quad\text{⋯⋯⋯⋯6 个 10 分硬币被分发}\\
1\quad\text{⋯⋯⋯⋯只剩下 1 个 10 分硬币}
\end{array}
$$

我让学生继续完成他们的示意图，以显示还剩下多少钱需要和朋友平分。假设学生用一个圆圈表示一个便士，他们的示意图看起来是这样的：

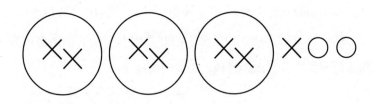

我邀请 3 位学生来到前面，以便演示我将如何把剩下的硬币分配给 3 个朋友。我给两个学生每人 1 便士，给另一个学生一个 10 分硬币。学生们总是抗议我的分法不公平。他们告诉

我，他们会将 1 个 10 分硬币换成 10 个便士，然后再让朋友们
分享 12 个便士。我告诉学生这个将 10 分硬币换成 10 便士的过
程实际上就是多位数除法算法中的一步。多数成人将这一步称
为"下拉"，但是很少有人理解它。

$$
\begin{array}{r}
2 \\
3\overline{\smash{)}7\,2} \\
-\ 6 \\
\hline
1\ 2 \quad\cdots\cdots\text{将 2 下拉}
\end{array}
$$

当你将个位上的数字（便士的个数）"下拉"，你无形中就
将十位上的数字转换成了更小的单位（便士）。

然后你将所有的更小单位的个数合在一起（总共有 12 个便
士）。然后我请学生在他们的示意图中展示，如何将剩下的 12
个便士在朋友之间分配。我也让他们将图中的数字与除法算法
中剩余的步骤联系起来：

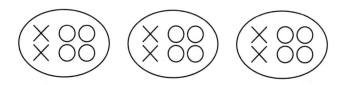

```
        2 4  ………每位朋友获得4便士（共24分钱）
      ┌─────
    3 ) 7 2
    - 6
      ─────
        1 2
        1 2  ………共有12便士给出
      ─────
        0  ………没有便士剩余
```

　　在课堂上，我会在每一步之后在黑板上写下几个问题，因此学生可以练习这一步骤。我会在班级中巡视，看是否有学生需要帮助来理解这些问题，或看他们是否需要更多时间来练习。因为学生很可能深深投入他们的练习之中（他们喜欢自己找出问题的答案，而不是被告知答案），也因为这些步骤简单而合理，通常情况下，我只需要帮助少数学生。另外，如果学生已经掌握此前的步骤，他们便已经掌握了当前步骤所需的所有前期知识，所以我可以很快地解决他们的问题，并推进到下一步。对于那些早早做完作业的学生，可以布置额外的奖励问题（对本课作业中的概念进行一些小变化），如我在第6章中将会解释的那样。

　　你在学校学过（或没学过）的每一个数学过程，都能被分解为如此简单的步骤，或被解析为简单的概念线索，如我上面所做的对除法的描述。即便对于在高中将遇到的高级代数过程，这一点仍然有效。此外，正如上述多位数除法的例子，有能力的老师可以创造一系列苏格拉底式的问题、练习、活动与游戏，以使学生发现这些过程中的所有步骤为何有效。当如此多的学生不能掌握和理解这些他们本该在学校或在训练中学会的数学过程，就显得格外可悲了。

有些老师不愿意将讲授分解为可控的小步骤，或将高层级的概念解析为容易理解的线索，因为他们认为这种教学是"生搬硬套式"的。"生搬硬套"这个词指的是那种教育方式——学生被教导盲目服从规则和过程，而不理解为什么那些规则和过程有效。通过上面关于多位数除法的课程，我希望人们能清楚结构化探究方法并不是生搬硬套。事实上，研究显示，那些大脑不断被过多新概念淹没的学生，没有足够的时间练习与巩固新技能，而通过设计良好、难度递增的挑战，学生将被引导去探索和发现概念，他们会发展出对数学更为深刻的理解。

有些老师不喜欢用我描述的这种方式教学，因为他们认为学生就应该在数学课上有所挣扎，这样他们才能学会坚持。但正如威林厄姆指出的，没有人喜欢过多的挣扎。卡罗尔·德韦克在看过 JUMP 关于周长的课程之后，发表过同样的观点：她说，这堂课包含了成长型思维模式的原则，因为对于学生来说，练习的进程看上去是困难的，但实际上又不是太难。当然，不同的学生会需要不同程度的挑战：在第 6 章中，我将讨论有关学习动力的研究，会给这方面主题带来一些新的启示。

虽然我认为老师应该学习去指导学生系统化地学习，但我并不是说他们只能用这种方法教学。JUMP 课程包括许多练习、游戏与活动，它们并没有上述的多位数除法课程那样结构化。而且，每一堂 JUMP 课程的结尾都有一系列"拓展"问题，它们比课程中所涉及问题更难一些。此外，当学生已经建立信心并获得成功克服困难所需的知识后，我建议老师略过某些步骤，并给学生提出更具挑战性或具有开放性答案的问题。我在教学中的目标始终是帮助学生成为不再依赖老师、拥有创造性的独立思想者。但如果老师不知道如何将复杂的概念解析为简单的概念线索，那么他们就不太可能帮助所有学生达成高水平的成就。

我发现结构化探究方法对于成人来说效果尤其好，当通过这种方法学习时，他们甚至能学得比孩子更快。当成人觉得学习某种东西很重要时，他们就会比孩子更专注、更坚定。他们也比孩子有更多的实践知识、生活体验，并且接触过更多基本的数学（正式或非正式的）。这就是为何达加·巴尔能在她为期一周的新手训练营中涉及如此多的主题。一个下定决心的成人，甚至能在没有老师帮助的情况下学习数学，比如伊丽莎·邦妮斯（Elisha Bonnis），通过 JUMP 的教师在线资源走出了自己的路。

通常我们会认为因为儿童的大脑可塑性更强，儿童几乎学习任何东西都比成人更快，而我关于成人学习者的看法却与之相反。神经科学家艾米·巴斯蒂安（Amy Bastian）在她的文章《儿童的大脑是不同的》（"Children's Brains Are Different"）中指出，当我们谈论年轻大脑的可塑性时，我们需要更加小心地定义"提升学习能力"指的是什么。

　　在学习达到比成人更熟练的这个意义上，儿童是超级学习者——因此他们能在学习第二语言时达到堪比母语的流利程度。但这并不意味着在语言学习的每一个方面，儿童都能做得更好。事实上，儿童学习第二语言时比成人更慢。类似地，更小的儿童在学习新的运动时也表现得比成人更慢。这个领域的某些研究指出，学习运动的速率在童年时期是逐渐增长（加速）的，大约 12 岁时达到与成人相当的程度。[5]

巴斯蒂安问，为什么儿童获得个人运动技巧的速度不如成人快，他们似乎更容易学会一些复杂的组合动作技巧（比如滑雪的某些动作，或操控视频游戏的按钮）。她对这种明显的矛盾提出了两种解释。首先，在运动方面儿童远比成人有更大的可变性——他们尚未固化习惯性的运动模式，也更愿意试验和弯曲自己的四肢与手指。另一方面，成人"可能更不愿尝试不同的运动方式，因此容易固化在不那么理想的运动模式上"，更重要的是：

　　儿童可能更愿意进行大量的练习以学习运动技巧。例如，当婴儿学习走路时，他们每1小时会练习走2400步，摔倒17次。这是很大的运动量，它意味着婴儿每小时走了7.7个美式橄榄球场的长度。[6]

有趣的是，你注意到的儿童在学习滑雪或玩电子游戏时可能具有的任何优势，主要源于思维习惯而非更高超的运动技巧。每当儿童看起来比成人学数学更快时，大体也是同样的因素在起作用。正如儿童在身体运动方面比成人更具可变性，他们在心智上也更好奇，往往会提出更具原创性的问题——就像一位困惑的家长在下面这条网络留言中所写的：

> 我5岁的儿子刚才问："如果我们将一片火鸡放进DVD播放机，让它播放一部有关这火鸡一生的电影怎么样？"我读过的育儿书没有一本能帮我解答这个问题。[7]

除更加好奇之外，孩子们比成人喜欢重复，当挑战难度不断递增（像电子游戏那样），孩子将会高高兴兴地花数小时练习数学。但如果成人能重新唤醒他们儿时曾有的惊奇之心，并愿意进行定期练习，那么他们学习数学也会很容易。

我自己保持惊奇之心的一个方法，是阅读科普读物——像詹姆斯·格雷克（James Gleick）所著的《混沌》（*Chaos*）、《信息》（*The Information*），或布莱恩·格林（Brian Greene）的

《宇宙的结构》（*The Fabric of the Cosmos*）。我读科学越多，便越有动力去学习数学——然后我就能更充分地理解这些书中所揭示的神秘事物。而且，当我变得越来越擅长数学，我也越会享受去做数学。正如安德斯·埃里克森在《刻意练习》一书中的观察，当人们通过练习变得越来越擅长某件事，那种精通的感觉本身会成为他们最终的奖赏。[8]

　　然而，所有年龄的学习者都需要从恰当的水平起步，也需要做好坚持下去的准备。物理学家琼·费曼（Joan Feynman）成长于20 世纪 30 年代，那时，她的母亲说她不应该试图去学物理，因为这不是适合女性的职业。幸运的是，她的哥哥理查德（Richard Feynman）不同意这个说法。他给琼一本天文学的书，并建议她用下面的方法来学习这本书：从头开始阅读，直到你看不懂为止，然后你回头重新开始读。相信每一次你都会走得更远一点。

　　尽管琼在成为物理学家的道路上面临许多性别歧视，她在地球物理与天体物理方面做出了重要发现，并因自己的工作而获得了美国国家航空航天局（NASA）的杰出成就奖章。在 20 世纪 50 年代，琼的哥哥在离她家很近的地方出席一个会议，她有了机会回报哥哥在当年为她提供的帮助。那时，理查德已被视为 20 世纪最伟大的物理学家之一。但在那场会议的一次谈话中——两位年轻科学家发布了一篇论文，关于原子理论的最新研究结果——理查德当时失去了信心，他回忆道：

　　　　我把论文带回家，对她说："我不能理解李政道和杨振宁在讨论的这些东西。全都太复杂了。"

　　　　"不，"她说，"你的意思不是你不能理解它，而是它不是你发明的。你听到一些线索，但没有用你自己的方式搞清楚它。你应该做的是重新把自己当作学生，把这篇论文拿上楼，阅读每一行文字，并检查那些方程，然后你会非常容易地理解它。"

　　　　我采纳了她的建议，仔细检视了所有的资料，并发现它是如此明显与简单。我曾害怕读它，认为它太难了。[9]

　　像理查德·费曼这样有名望的科学家也会怀疑自己的能力，即便在他的鼎盛时期，他有时也不得不用与学生相同的方法去学习他的专业，这个发现让我深感安慰。有趣的是，理查德·费曼的智商是 123，而琼的是 124（她嘲笑理查德说自己比他更聪明）。这些分数很体面，但没有达到"天才"的范围。这是另一个证据，说明智力测试未必能预测智力成就，或度量一个人的全部智力潜能。按照社会学家亚当·格兰特（Adam Grant）的说法："当心理学家研究历史上最杰出、最有影响力的那些人时，他们发现，其中许多人在童年时并不是特别有天赋。如果你聚集一大群神童并追踪他们的一生，你将会发现，他们并没有胜过来自相似家境的其他不那么早慧的同伴。"[10]

解决问题的艺术与科学

大多数中学生在解答下面展示的这道代数题时，都会遇到麻烦。我选择的这类问题，常常出现在竞赛之中，比如数学奥林匹克竞赛。这个算式之中的每一个字母，都代表 1 ~ 9 中一个独一无二的数字；如果一个字母代表了某一个特定的数字，那么其他字母就不能重复代表这个数字。为解出这个问题，你必须确定每一个字母各代表什么数字。但是你不能简单随机地将数字赋值给字母——当你将字母替换为数字，和式必须成立。

$$
\begin{array}{r}
\text{H O S T} \\
+\ \text{H O S T} \\
\hline
\text{T H E M E}
\end{array}
$$

要是还在上 7 年级或 8 年级，我应该会觉得这个问题很难。（在读下去之前，你可以试着解答这个问题，看看它对你来说是否困难。）为理解我们可以训练任何人去解这类问题何以成为可能，先思考一下为什么现在的我发现这种问题很容易会有所帮助。因为我现在是一个训练有素的数学家，我的大脑已经发展出许多能力与思维习惯，使得我可以去解决这类在中学竞赛中出现的问题。如果我能设法重新变回 13 岁，同时仍保留我的专业知识，我的同学与老师将会毫无疑问地认为我是一个数学天才。这是因为，有三种关键的素质将我的大脑与某个人毫无训练的大脑区别开来。首先，我的大脑现在可以采用我多年来学会的一系列策略，极其有效地解决问题。我也知道更多关于数学与数学结构的知识，比一个少年所能学到的要多得多。而且我也发展出对自己能力的信心，它可以激励我比一个寻常的 13 岁少年坚持更久。在我的研究中，我仍在愉快地探讨研究一个困扰我 4 年之久的问题。

为向你展示这三项素质（策略、结构与耐力）在解决问题时如何发挥作用，我将通过我所遵循的步骤进行讲解。这也会让你了解一个数学家的"心智表征"是如何运作的。

我在我的研究中最常使用的策略之一，是寻找模式或打破模式。当我观察这类字母算式问题时，我马上注意到底部的那排字母，每一个都有两个字母在其正上方，除了字母 T。T 在底部字母的左端，伸出去的样子看上去很显眼，所以，我开始尝试找出它代表哪一个数字。

除了使用策略，我还经常依靠我对不同的数学运算（如加法或乘法）或数学对象（如素数或几何图形）结构的了解，来排除一个问题的某些可能解。因为我理解加法的结构，当我看见 T，我马上知道它必是什么数字。如果你将两个一位数字相加，你能"重组"或进位到下一位的最大数字是 1。例如，当你将 9 加 9，和是 18，因此你只能进位 1。即使你将一连串 9 相加，仍然如此，如下图所示：

```
              1           1  1
  9          99          999
+ 9         +99         +999
────        ────        ──────
1 8         198         1998
```

如此，我不用多想便知道，题目中的 T 必定是 1。现在我能推导出 E 是 2，因为（经过多年的训练）我也正好知道 1 加 1 等于 2！

```
      H  O  S  1
   +  H  O  S  1
   ───────────────
   1  H  2  M  2
```

接下来，我运用奇数与偶数的某些性质知识来排除一些可能性。当你将一个数与自身相加，所得结果总是偶数。当你往一个偶数上加 1，结果总是一个奇数。所以现在我可以推导出 S 不能比 4 大，否则，当我将 S 加上 S，我将不得不进位 1 到下一列，那么，当我将这个 1 加上 O 加 O 的和，我会得到一个奇数。但是在 O 下面是 2，所以这种可能性就被排除了。没有奇数的末尾是 2。

现在，我能找到 O 的值。正如我上面的解释，我知道 O 列没有从 S 列进位来的 1。所以，为找到 O，我只需找到那个自身相加能给我一个 2 的一位数。O 不能是 1，因为 T 是 1。那么只剩下一种可能：O 必定是 6。

```
        1
    H 6 S 1
  + H 6 S 1
  ─────────
  1 H 2 M 2
```

我常用来解决问题的另一个策略，称为"猜测与检验"。当我使用这一策略，我的目标并非通过随机猜测来猜中问题的答案。我试图做出有根据的猜测，有时这会引领我找到答案，或帮助我更好地理解问题的规则与限制。

我已经知道 H 加 H 一定大于 9，因为我需要进位一个 1 以得到 T。这意味着 H 必定大于 4。所以，我仅需要猜测与检验几个数字（5、7、8 与 9）来找到它。因为我对自己的能力充满信心，而且有很好的耐心，在问题解决之前我不会放弃。所以我猜测与检验，直至我找到那个唯一正确的数字，是 9。

```
        1
    9 6 S 1
  + 9 6 S 1
  ─────────
  1 9 2 M 2
```

我也能通过猜测、检验与排除来找到 S 的值。记得前面说

过，S 小于 5。S 不能是 1 或 2，因为这些数字已经用过了。S
也不能是 3，因为 3 加 3 等于 6，而 6 已经用过了。所以 S 必定
是 4，而 M 必为 8。

$$
\begin{array}{r}
1 \\
9\ 6\ 4\ 1 \\
+\ 9\ 6\ 4\ 1 \\
\hline
1\ 9\ 2\ 8\ 2
\end{array}
$$

如果你自己尝试做这道题，你可能用不同的方法解出它，
并且可能有更好的解题方法。因为我曾经在数学上挣扎，我始
终有一丝残存的恐惧，怕有人指出我解决某个特定问题的方法
不够优雅或不够简洁，或者我犯了错。我必须不断地提醒我自
己：虽然我有时会犯错，也不是总能看出问题的最佳解法，但
我仍然在数学领域做出了一些原创性的工作。

在我解题的过程中，我希望你能看出我的策略（包括寻找
模式、运用逻辑来消除可能选项、猜测与检验）、我有关结构的
知识，以及我的毅力，总是在相互作用。策略与结构的知识可
以被习得。而且，如我将在第 6 章阐释的，行为科学的新研究
指出，毅力，或坚持不懈与深度投入自己工作的能力，也能够
被习得。

在国际象棋中，最有效的刻意练习方法之一，是解象棋局。
这些局像小型象棋比赛，只有少数的棋子，摆在棋盘上的给定

位置，所以只需要有限的几步，就可以通过检验而找出答案。
这儿有一个简单的国际象棋问题的例子，其中黑方选手必须找
到在一步之内将死白方的方法。

　　为解决该问题，棋手需要将下一步最佳走法的选项减少到
若干种情况。在每一种情况下，棋手在脑海中走棋，并预想下
一步将会发生什么。这等于构想了一系列条件语句："如果我这
样做，那么将发生这样的情况。"例如，在上图所示的问题中，
黑方棋手可能想："如果我将我的王走到A6，白方的王仍能逃
到B8。"在真实的比赛中，这种条件语句链可能迅速变得极为
复杂："如果我将我的兵走到王的旁边，象能吃掉它。如果象吃
掉我的兵，我的马可以吃掉象。如果我的马吃掉象，那么对方
的王将不得不沿对角线向左退回一步，因为我的马移开使得他

们的王暴露在我的后面前，这个王没有其他地方可走……"

在国际象棋中，在脑海中走一步是容易的。但是棋手需要系统地检验每一种可能的走法，以避免遗漏任何可能性。他们也需要思考每一种局面的含义。在更复杂的问题中，可能有非常多的局面。强大的棋手知道如何看出模式，并运用他们关于位置优劣的知识来排除可能性。通过练习，他们不用耗费心力就可以看出哪些局面值得探索，哪些不值得。如果没有发展出这种能力，他们很快就会被棋局中产生的海量可能选项淹没。

如果你观察我解决字母问题时经历的步骤，你就能明白，国际象棋棋手解决棋局问题时经历的过程与我是一样的。例如，为找到某个特定字母的数值，我有时会把问题分解为不同的情况。我构想一种条件语句，然后仔细分析这个条件下的可能结果。当我试图找出 O 的值时，我会想："如果 S 大于 4，那么我将不得不进位 1 到 O 列。但是那将使我在 O 下面得到一个奇数。"

当我分析每一种情况时，我会使用许多思维捷径。我不用多想就知道，一个数加上自身再加 1，会得到一个奇数。所以我不必检验所有一位数的组合就知道，如果我进位 1 到 O 列我必将在 O 下面得到一个奇数。此外，当我看到这题时，就能极大地缩小可能答案的范围，因为我看出 T 必是 1，E 必定是 2。如果我必须随机猜测字母代表哪个数字，那么在我猜中一个正确的组合之前，我大约需要检验数千种可能。

　　帮助人们学习国际象棋的图书中，会包含许多类似上述的一系列问题。这些问题被很好地组织起来：它们通常从仅有三四个棋子的问题开始，但慢慢会加入更多的棋子，变成更复杂的布局。通过解答这些问题，学生逐步系统地发展他们解决各种国际象棋问题所需的心理表征。

　　几年前，JUMP 的作者和我开始模仿国际象棋书里所采用的方法，写出解答一系列问题的数学课程。虽然我无法将任何深度的课程在这里展示出来，但你可以查看在线资源。我将大致介绍该课程的几个阶段，它们最终能使学生解出上述的字母类问题。

　　下面这个例子，是我如何向更小的学生介绍一个字母或符号代表一个未知数字。我请学生们闭上眼睛，并将一个装有两块积木的纸袋子放在桌上，又将 3 块积木放在桌上纸袋的旁边，再将 5 块积木放在另外一张桌上。然后我请学生睁开眼睛，我告诉他们在每张桌上有同样数量的积木块，并请他们说出袋子里有多少积木。我也鼓励他们解释他们的答案。有些学生会说他们用 5 减去 3 得到答案，因为他们知道在有纸袋的桌上共有 5 块积木，而在袋子外面只能看见 3 块。其他人则会从 3 往上数，一直数到 5，看自己往上数了几个数。

　　我用不同数量的积木重复这个练习。最后我用 2 到 3 个袋子来设计问题，每个袋子里装同样数量的积木。例如，我可能在一张桌子上放 3 块积木与两个袋子，每个袋子里装有 2 块积木，在另一张桌上我放 7 块积木。

在学生理解了这个游戏之后，我告诉他们我将画图来表示问题，用一个方块代表一个袋子，用圆圈表示积木（因为它们很容易画）。我在黑板上画出下面的图形，请一个志愿者上来画出袋子里装的看不见的积木，以使每张桌上的积木数量相同。下面的示意图展示了老师如何逐步让袋子与积木问题的表示变得越来越抽象。

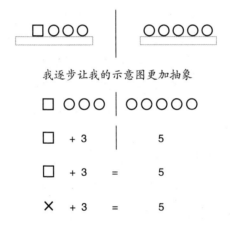

一旦学生理解了一个字母可以代表一个数字，并且通过一些解决未知数的练习，就可以给他们介绍更具挑战性的问题了。为帮助学生学习解决上面介绍的字母问题，JUMP 的作者辛迪·萨布林（Sindi Sabourin）和我设计了一系列问题，从简单的只有几个数位的（其中数字与字母混合在一起）到完全竞

赛风格的问题，就如我们上面演示过的 HOST 加 HOST 问题。

这里有一组从该课程中选出的问题，可以帮助学生学着识别求和过程中何时会发生重组或进位。

B B	A B	A A	A A	A A	A B	A B
+ B	+ B	+ A	+ A	+ A	+ A B	+ A B
A 4	A 8	A 6	B 6	B 0	7 8	4 2

【附加题】

A A B	A A B	A A B	A B	A B
+ A B	+ A B	+ A B	+ A B	+ A B
A 7 8	B 7 8	C 4 6	B B C	B C C

如果你可以按照自己的方法解决这一系列的小问题，你应该会发现，自己开始发展出一些策略与思维捷径了，就如我在上面介绍字母问题时所运用的那些策略，你可以将它们应用到更复杂的问题里。（记住 A 与 B 必须是不同的数字。）我在这里给出的一组问题，只是通向上面介绍的那类字母问题的小小一部分。如果你想阅读完整的课程，你可以在 jumpmath 网站上的 4 年级美国教师指南中找到它。

虽然字母题有很强的人为性，不能与现实世界的情况对应，但它却是训练人们数学思维的有效工具。我在上面分析问题时所演示的策略，正是我在研究中解决问题与进行证明时所用的策略。而且，你在数学中学到的策略可以应用于解决任何领域的问题。

在本书的第二部分，我将给出其他例子来说明心理表征（包括视觉表征）是如何在数学思维中发挥作用的。我将更充分地解释，结构化探究方法为何及如何能帮助学习者发展心理表征，并帮助他们成为问题解决专家。我也将介绍指导教学的七个原则——领域特定知识，脚手架式（scaffolding），掌握，结构，变化，类比和抽象——认知科学家证明，这些原则对所有年龄的学习者都是有效的，同时它们也是结构化探究方法的基本组成部分。

第二部分

将研究应用于实践

PUTTING RESEARCH
INTO PRACTICE

All Things Being Equal
Why Math Is The Key To
A Better World

第 5 章

学习的科学

The Science of Learning

　　没有几位老师可以说，他们在伦敦 Soho（苏荷区）经营夜总会时学到了给被荷尔蒙驱动的任性高中生上课的技巧。但汤姆·柏内特（Tom Bennett）正是从夜店开始发展出了他的管理之道，后来也使他有资格成了英国教育部的学生行为顾问，并被英国媒体称为"行为沙皇"。

　　从高中毕业之后，柏内特在伦敦的夜总会工作了 8 年，然后返回大学修读宗教与历史学。最终，他找到了一份高中历史老师的工作，并立即着手将他在大众心理学方面的专业知识用在课堂上。

　　在学校里，柏内特频繁见到老师被要求采用没有强力证据支持的教学方法。他眼看着一连串的潮流席卷英国教育体系，这些压力迫使他们要采用那些理论上听起来有效但在教室里行不通的做法，他奋起反抗他和同事感受到的压力。一天夜里，在沮丧的状态之下，他发了一条推特，却在英格兰教师中引发了一场运动，这场运动迅速传遍了世界。

在他的推特里，柏内特宣布他正在组织一个关于教育研究的会议（最终被他称为 researchED），并询问是否有人愿意帮忙。4 小时后，他收到 200 条回复说愿意提供帮助、提供精神支持、场地和志愿演讲者。据柏内特说："不是我建立了researchED……是它自身希望被建立，它建立了它自己，我仅仅是与之同行。"

第一次会议于 2013 年举办，吸引了超过 500 位教师，他们和柏内特一样对缺乏实证的教育感到沮丧，并愿意为这项事业贡献大量的精力。正如柏内特的回忆：

> 这真是让人感动，人们毫不犹豫地无偿贡献自己的时间与技能。从标志设计、取名到当天制作姓名徽章，推动我们的是一支充满意愿与能力的队伍。在我的人生中，我从未见证过这样有组织、有条理且自发的善举。[1]

会议迅速从伦敦传播到全英国的更多地方，然后又传播到了四个大洲的多个城市。许多顶尖的认知科学家与教育研究者，放弃了他们的高昂演讲费，来 researchED 会议上发言。并且，所有会议都是由志愿者组织的。

researchED 这种会议的快速增长，表明了老师们希望运用严谨的研究来提升他们实践的意愿在不断增长。在过去 10 年里，像卡罗尔·德韦克与丹尼尔·威林厄姆这样的研究者，已经成为教师大会上深受欢迎的主题演讲人。流行期刊《美国教育者》（*American Educator*）上最近发表了一篇有关教学的文章 [2]，其参考资料罗列出一长串的心理学与认知科学期刊。这篇文章列出了十项有效指导原则，它们都得到了研究的良好支持，也体现了结构化探究方法：

1. 在课程开始时简短回顾前面的课程。

2. 分小步骤介绍新的内容，在每一步之后都进行充分的练习。

3. 问大量的问题，检查所有学生的反应。

4. 提供模型。

5. 指导学生的练习。

6. 检验学生是否理解。

7. 达到高成功率。

8. 为困难的任务提供脚手架式引导。

9. 要求和监督独立练习。

10. 鼓励学生参与每周和每月的复习。

当教师未能在他们的课程中应用这些原则时，通常不是因为他们缺乏成为有效教师所需的技能，也不是因为他们不想帮助每一个学生成功，而是因为他们不了解学生如何学习，或者是因为他们被教育顾问和行政人员说服、强迫，选择了那些本来就低效的教学资源和方法。但越来越多的教师开始了解研究情况，并要求允许他们使用基于实证的资源和教学方法。

对于教育而言，这是激动人心的时代。在下一个 10 年里，我相信我们的学校和工作场所将在消除知识贫困方面取得巨大的进步，因为正如 researchED 这类大会所揭示的，科学知识的传播是不可阻挡的。在接下来的三章里，我将讨论研究中的一些总体趋势，它们最终将改变我们的社会，使每一个人都尽展他们的智力潜能。

知识的力量

1988 年，心理学家唐娜·雷希特（Donna Recht）与劳伦·莱斯利（Lauren Leslie）进行了一项经典实验，在该实验中，一组参与者被认为是阅读能力很差的中学生，结果却发现，比起另一组被认为阅读能力很强的同学，阅读能力差的这一组能更容易理解一篇有关棒球的故事：

　　一组 12 岁的学生知识丰富，阅读测试的成绩也很好，但是不怎么懂棒球。另一组学生从学业方面来看懂得并不多，阅读测试的成绩也相对较差，但对棒球却很了解。在这次特别的任务中，体育迷被证明是更好的阅读者，同时也表明了一个基本原则：当一个主题是熟悉的，"差"的阅读者也会变成"好"的阅读者；而且，当主题不熟悉时，平常表现良好的阅读者也会失去他们的优势。[3]

　　有些教育者相信，在网络时代，教师应该专注于教学生阅读方法、批判性思维技巧与语法规则，而不是花过多时间构建他们的词汇量与内容知识（因为学生可以在网上查询词的含义与知识）。但越来越多的研究显示，一个人理解一段给定文章的能力，不仅依靠他理解句子结构或运用阅读技巧的能力，同样也依靠他在文章主题方面的知识。这是因为一个典型句子的语法结构可以有多种解释。

　　为说明即便是要理解最普通的俗语也需要预先的知识，认知科学家丹尼尔·威林厄姆介绍了对"光阴似箭飞逝"（Time flies like an arrow）这个句子的 5 种不同解读。

　　这是对该句子的解读之一：如果有一种东西叫作"time

flies"（正如有一种虫子叫"fruit flies"，即"果蝇"），[1]并且，如果 arrow（箭）是一种食物，那么这个句子可以被解读为某种特定的虫子对食物的偏好。[4] 2

　　心理学家已经表明，关于内容的背景知识在推理和问题解决的过程中扮演的角色，比大多教育者认为的更重要。在《知识为何重要》（*Why Knowledge Matters*）中，E. D. 赫希（E.D. Hirsch）提出："一个领域内的知识有助于解决任何领域的问题——因此教授解决问题技巧的最好方式是提供宽泛的教育。"[5] 而《剑桥专业知识与专家表现手册》（*Cambridge Handbook of Expertise and Expert Performance*）声称："研究清楚地否定了关于人类认知的传统观念——认为像学习、推理、解题与概念形成这种通用能力，与可以独立学习某领域内容能力是相同的。"[6]

　　专门领域的知识在数学学习中扮演着怎样的角色，让我们回头再看一下第 3 章中讲过的除以分数的规则。如果你能记起，我曾通过将一条巧克力切成两半，然后 1/3，然后 1/100 这样的图像，来帮助你找到规则。在每一种情况下，我都请你指出整条巧克力中总共会含有多少个切分的小段。如果你从未接触

1　此处将 time flies 中的动词 flies 看作名词，是"蝇"的意思，time flies 便被理解为一种"时光蝇"。——译者注
2　这种解读也将 like 当作了动词，time flies like an arrow 便相当于"时光蝇喜欢一种箭"。——译者注

过乘法或加法的概念，那么你唯一找到小块总数的方式只能是将巧克力都切分开来，然后数小块的总数。当除数是 1/100 时，这个过程就会相当耗时。而且当你将巧克力切分成越来越小的片时，你可能在我所举的例子里看不到任何更深的结构，或者没办法发现能用来快速解决相关问题的一般法则。你自然也不会看出，可以通过将分数的分母乘以一个单位内巧克力的分块数来求出整条巧克力的分块总数。

一些教育者相信，我们不需要再花费大量时间去教孩子数学事实或让他们练习计算，因为（正如对关于阅读的争论一样）他们可以在电脑上查询他们需要知道的任何东西。取而代之，这些教育者讨论说，我们应该教学生如何发现与分析事实。我们尤其应该避免教他们一些基本的事实，比如乘法表，因为这些东西只能通过机械的训练来教，因此会夺去数学中的快乐、扼杀学生天生的创造性。我们也应该避免强迫学生练习像相加与相乘这样的基本技能，因为这些事情完全可以用计算器来做，何况强行教他们也会妨碍他们发展出自己的方法。在这些主张中，的确有一些真理（孩子们的确需要学习如何发现与分析事实，而我们应该避免让他们厌倦或扼杀他们的创造性），但其中也存在一些严重的问题，不仅仅因为专门领域的知识对理解数学信息很重要。

学生需要基本数学知识的一个理由是，人的工作记忆相当有限——工作记忆是当我们解决从未见过的问题时需要频繁使用的临时头脑存储器。平均而言，它一次只能容纳大约 7 个数字的信息。如果一个问题所需的知识是学生目前还不具备的，那么当解决一个复杂问题时就很容易超过这个极限。未将基本技能与事实转化为长期记忆的学生，将会没有足够的容量来进行推理、整合知识与重组信息，因此他们在解决复杂问题时会很费力。此外，就像在除以分数的案例中表明的那样，当一个人不知道像乘法表这样的基本事实时，就难以看出数字之间的模式与关联、难以理解法则，或者不能做出预判与估计。

赫伯·西蒙（Herb Simon）是安德斯·埃里克森的论文导师（也是诺贝尔经济学奖的获得者），据他的说法，认知科学几十年来的研究已经证实，学生需要练习才能将解决复杂问题所需的技巧与事实转化为长期记忆。在他开创性的文章《认知心理学在数学中的应用与误用》（"Applications and Misapplications of Cognitive Psychology to Mathematics"）中，西蒙说，在教育中没有比"练习是坏的"这种理念更糟的了。某些教育理论家将练习称为"操练与杀死"（drill and kill）从而让练习看起来是不必要的或有害的，他为此悲叹。正如他所指出的："所有来自实验室或专业案例研究的证据都表明，真实的能力只会来自大量的练习。教学的任务不是用过度练习杀死积极性，而是找到那种既能提供练习又能保持兴趣的实践。"[7]

幸运的是，当练习嵌入到难度不断递增的挑战中时（正如电子游戏），就会使学生更投入。为教给学生基本的事实，我经常使用含有模式的练习。学生喜欢去发现模式，而且模式也帮助他们记起事实。例如，为帮助学生记住乘 6 的倍数表，我在黑板上写出下面的表达式：

$$2 \times 6 = 12$$
$$4 \times 6 = 24$$
$$6 \times 6 = 36$$
$$8 \times 6 = 48$$

学生们通常在这个表列中能看出多种模式。例如，第一列与最后一列的数字是相同的。这意味着当你将一个偶数乘 6，其结果的个位数字与你用来相乘的那个数字相同。上述式子的结果中，个位数字与十位数字之间也存在着有趣的关系：十位上的数字总是个位数字的一半（12 中，1 是 2 的一半；24 中，2 是 4 的一半，等等）。一旦学生看出这些模式，他们就不需要硬背 6 的倍数表中的这 4 个条目了。通常而言，学生为掌握基本技巧与记住基本事实需要进行的练习，都可以通过这种练习让他们更加投入。

一些最有效而实用的教育创新，已经从新的涉及记忆学习的研究中涌现出来。当大脑学习新概念或技巧时，它会发展出新的神经连接网络，对这种习得进行编码。但是，如果大脑没有同时构建起读取这种习得的神经通道，那么该习得就会丢失。

认知科学家已发现，如果人们运用简单的策略来发展和强化这些神经通道，他们就能记下更多所学的东西。但是这些策略并非人们在平时的学习中用到的那些。

一种流行的学习方法，是一次又一次地读你想学习的材料（最好手里拿着黄色荧光笔）。但是近来的一系列实验表明，"自测"比回顾的方法更有效。自测的方法可能涉及使用抽认卡、回答课本中的问题，或设计你自己的小测验。在文章《什么管用，什么不管用》（"What Works, What Doesn't"）中，认知科学家约翰·敦洛斯基（John Dunlosky）和他的同事总结了近来有关自测或"恢复练习"的研究结果：

> 在一个研究中，大学生被要求记忆词组，其中一半词组会出现在随后的记忆测试中。一周之后，学生们记住了测试词组中的35%，相较而言，未测试的词组只有4%。在另一项演示中，给大学生一些斯瓦希里语－英语的词对，随后进行测试练习或复习。对于重复测试过的词，学生们能记起的比例达到80%，相比起来，复习过的词能被记起的比例只有36%。一种理论认为，做测试激发了长期记忆中的单词搜索，可以激活相关信息，形成多个记忆通道，使得信息更容易被获取。[8]

另一种常见的学习方法涉及"大量练习"，意味着在短时间内对同样的材料反复进行填鸭式学习或练习。研究已显示，将同等的学习时间分散到更长的时间段内效果会更好。此外，如果学生学习时在不同主题之间进行切换，也会比区块化的学习（在复习完一个主题之前不进入下一个主题）记得更多。在一项研究中，大学生学习计算 4 种不同几何体的体积。其中一组学生在完成一种几何体的所有题目之前不会转移到另一种；另一组学生则在做练习时从一种类型的问题转到另一种，因此，他们有机会反复练习如何为每个问题选择合适的计算方法。一周后，当学生们接受测试，使用"交替"练习（在不同类型问题间切换）的组，其计算体积的正确率比"区块化"学习组高 43%。[9]

关于记忆与练习的最新研究指出，通过系统的练习以及对具体领域知识的记忆，我们有能力成为学校与世界上更好的问题解决者。

脚手架式支持的力量

在过去的 20 年里，北美大多数学校都采用了某种基于发现或基于改革的数学课程，在这种课程中，会让学生自己设法弄清概念，而不是明确地教给他们。基于发现的课程减少了对通过遵循一般规则、程序或公式来解决的问题的关注（如"找出一个长 5 米，宽 4 米的长方形的周长"），而更多地关注基于现实世界的复杂问题，这些问题可以用多种方法来解决或有多种解决方案（如"你如何估计这个水坑的面积？"）。学生学习数学的方式不是记忆事实和学习标准算法，如长除法，而主要是通过探索概念和发展自己的计算方法，是通过使用具体材料的亲身实践来学习的。

虽然我同意发现式教学的许多目标和方法，但越来越多的研究表明，它的一些要素存在重大缺陷。

正如珍妮弗·卡明斯基的工作（在第 3 章中介绍过）表明，教师应避免选择过于详细或无关的视觉表象作为数学资源，以免分散学生的注意力。研究也显示，教师应避免一次性灌输过多新信息或新的认知要求淹没学生。例如，赫伯·西蒙（Herb Simon）观察到，当解决一个复杂的问题需要大量的基本能力时，一个没有发展出这些能力的学习者很容易被脑海中的处理需求淹没。但是，如果将各个组成部分的概念分开，并通过多个可控的知识版块来掌握，学习就会更有效率。

由于认知负担沉重，以纯粹发现为基础的课程效果，不如教师通过提供反馈、实例和其他指导来帮助学生驾驭复杂问题的课程。根据荷兰开放大学的心理学家保罗·科希纳（Paul Kirschner）以及他同事在 2006 年发表的一篇文章来看："过去半个世纪收集到的经验证据一致表明，与在学习过程中非常强调引导的教学方法相比，提供最低限度指导的教学方法，其成果和效率都比较低。"[10]

在一份对 2011 年学习研究的元分析（定量审查）中，有 164 项以发现为基础的学习研究，纽约市立大学的心理学家路易斯·阿尔菲里（Louis Alfieri）和他的同事得出结论："无人协助的发现并不能使学习者受益，而反馈、工作实例、脚手架式方法和诱导性解释却能使学习者受益。"[11]

在教育中，"脚手架"这个术语指的是，将学习分成不同版块并提供相关例子和练习，以帮助学生学习每一个知识版块。在一堂恰当的脚手架式课程中，概念按照逻辑顺序引入，一个概念自然而然地引向下一个概念，并且在每一个层次上学生都会得到反馈，以确保他们能够进入下一个概念。就像楼房上的脚手架可以让建筑工人安全稳定地爬到楼顶，一门课程中的脚手架可以帮助学生在学习中迈向更高的层次。

由布伦特·戴维斯（Brent Davis）领导的卡尔加里大学教育研究团队，自 2012 年以来，一直在观察和拍摄教师根据本书所讨论的原则（包括脚手架式、持续评估等）授课的情形。[12]在研究的早期，他们跟踪了两位教师的教学结果，这两位教师对课程投入的程度似乎相同。一年后，其中一位老师的学生在 CTBS 测试（该测试衡量学生在计算、概念理解和解决问题方面的表现）中的分数平均提高了 20%，而另一位老师的学生分数却没有丝毫提高。当研究人员仔细观看这些教师的活动录像时，他们看到了两位老师在授课方式上的显著差异。

第二位教师（其学生的成绩没有提高）在脚手架式的教学中，有时会跳过探索或活动的基本步骤，而第一位教师则更清楚地知道课程中哪些部分可以省略，哪些部分不能省略。第二位教师只会偶尔对学生进行评估，而且不会根据评估结果改变自己的教学计划，而第一位教师则时刻都关心她的学生到底学到了什么：她会经常让学生讨论自己的作业，或者让学生举起各自的白板给出自己的答案，她会在教室里来回走动以观察学生做作业的情况。她也会根据评估结果改变她的课程——重新讲解材料、放慢或加快进度。第二位老师很少会给出额外的问题，而第一位老师则会有规律地给出JUMP课程计划中的"扩展"问题，或者附加问题，以激发兴奋感。随着研究人员收集更多有关教师的数据，他们发现，坚持使用脚手架式教学、持续评估和递增难度挑战的教师，比不这样做的教师表现出色。

在 2019 年秋季，研究者发布了一个免费的在线课程，介绍在该项研究中产生积极效果的教学与课程设计原则。

掌握的力量

在得到正确的支持时——包括严格的脚手架式教学和持续的反馈——几乎每个学生都能掌握概念，这并不是一个新的想法。在北美，这一理念最早由几位美国教育家在 20 世纪 20 年代提出。20 世纪 60 年代末，教育心理学家本杰明·布鲁姆（Benjamin Bloom）又复兴了这一理念。

布鲁姆观察到，当教师们在考试中通过钟形曲线来随机分配学生的分数时，他们在教学中其实隐含着这样的预期：许多学生无法学会教学中涉及的材料。但是，如果教师采用一些能够确保所有学生都掌握该材料的方法，那么学生的成绩曲线就会向高分大幅倾斜，而不会落在钟形曲线上。

20 世纪 80 年代，布鲁姆进行了一系列的研究，在这些研究中，学生们得到了基于"掌握"方法的辅导——他们可以按照自己的节奏学习，同时接受持续评估，以及细致的脚手架式辅导与反馈。这些学生的学习成绩一直都比用传统方法教学的学生高出很多（平均高出两个标准差）。布鲁姆发现，"大约 90% 接受辅导的学生……达到了对照班中最终成绩在前 20% 的学生的水平。"[13]

布鲁姆还将掌握型学习的方法应用到了普通课堂中，他发现这些方法所产生的结果与他在上述研究中观察到的结果相似（虽然没有那么夸张）。根据心理学家托马斯·古斯基（Thomas Guskey）的研究，在布鲁姆提出的观点与理论已经被之后 20 年进行的大量研究证明："与传统教学班的学生相比，良好实施掌握型学习方法的班级，其学生成绩一直能够达到较高水平，并且学生能够对自己作为学习者，以及自身的学习能力产生更大的信心。"[14]

　　尽管布鲁姆取得了令人瞩目的成果，但在他发表关于掌握型教程的研究成果后不久，人们对掌握型学习的兴趣在20世纪80年代开始减弱。现在，许多教育工作者——尤其是为教师提供建议的教育顾问——认为这种方法已经过时了，甚至对学生造成了伤害。所有学生在升入下一个年级之前都应该掌握本年级的数学课程（甚至是最基本的内容），这种想法在我们的学校系统中已经不流行了——通过我对数百间教室的观察可以证实这一点。早在5年级的时候，一般教师就可以预料到，有相当多的学生在秋季升入新班级时，其学业水平会落后一到三个年级。教师们也可以预见——据经验来看，他们使用的资源和教学方法，都不是为了让学生掌握知识——许多学生将在新学年结束时落后更多。

　　一位7年级的老师曾给我讲过一个故事，以说明"掌握"这一理念在今天的学校里陌生到何种地步。有一天，当他的学生用厘米和毫米测量各种物体的长度时，他注意到一个平时数学成绩很好的学生在以一种相当奇怪的方式使用尺子。有时，这个女孩会正确地测量物体的长度，即把物体的末端对准尺子上的零；但有时，她会无缘无故地把物体的末端对准尺子上的数字1，这样她的测量数据就偏移了一个单位。当老师问女孩为什么要这样使用尺子时，她指了指尺子上印的字母 mm 和 cm。"当我想用毫米来测量一个物体时，"她说，"我把0放在物体的末端，因为字母 mm（毫米）在 0 的下面。当我想以厘米为单位测量物体时，我就把 1 放在物体的末端，因为字母 cm（厘米）在 1 下面。"

对幼儿教育的研究表明，如果没有指导，有些孩子不会自然而然地学会正确使用尺子——他们需要被教导尺子上的间隔是什么意思，以及如何将尺子正确地对准他们要测量的物体。上述这个用一种方法测量毫米，用另一种方法测量厘米的女孩，不知如何读到了 7 年级，才有人注意到她不知道如何使用尺子。同样，许多学生不断从一个年级升到另一个年级，他们却并没有学到理解更高层次的数学所需的基本技能和事实。许多高中教师告诉我，相当一部分进入 9 年级的学生，对涉及分数、小数、比率、百分数、整数和简单代数的概念都理解有限，甚至连最简单的运算都要依赖计算器来完成。

在我的书《无知的终结》（The End of Ignorance）中，我描述了我对丽莎和马修的辅导工作，他们两个是早期的 JUMP 学生（当时该项目还是我公寓里的辅导俱乐部），他们都有严重的学习障碍。我仍然清楚地记得那天，丽莎——一个高大又极其害羞的 6 年级学生——坐在我的餐桌前上她的第一堂数学课。虽然我请丽莎的校长推荐数学有困难的学生参加这个项目，但我并没有准备好面对教丽莎时遇到的挑战。

我计划通过教丽莎学习分数加法来增强她的信心。根据以往做家教的经验，我知道孩子们在第一次接触分数时，往往会产生困惑和焦虑。因为课程将涉及乘法，我就问丽莎是否有什么她难以记住的倍数表，她茫然地盯着我。她不知道乘法是什么意思，甚至用 1 以外的数来计数，对她都是陌生的。她被我的问题吓坏了，当我提及一些最简单的概念时，她一直说"我不懂"。她阅读也有困难，她告诉我，她人生中还从未读过一个章节的书。之后我发现，她才参加完 1 年级水平的测试，并被评估为有轻度的智力障碍。

我不知道该从哪里开始教丽莎，所以我决定看看她是否能学会偶数的顺序（2、4、6、8……），并且最终能乘以 2。因为她很紧张，而且很难记住这些数字，我告诉她，我确信她足够聪明完全可以学会乘法。我害怕我或许给了她虚假的表扬，但我的鼓励看上去能够帮助她集中注意力，而且她在这节课上取得的进步比我预期的要大。

我每周辅导丽莎一次，持续了 3 年。到她进入高中时，我看得出，之前对虚假表扬的担心是没有根据的。9 年级时，她转出了数学补习班，第二学期，她跳了一级，报了 10 年级的数学。她偶尔会有一次考试不及格，但更多的时候成绩在 C 到 A 之间。她能在考试中独立解决字词问题和进行复杂的运算，有好几次我看到她自己用课本中的材料学习。她 10 年级的数学最后成绩是 C+，但要知道她是跳了一级。她只用了一百小时的课时，就从 1 年级进步到了 9 年级（比她在学校上一年的课时还少）。如果我有更多的时间为她做准备，我相信她可以做得更好。

　　我开始教马修——一个比丽莎面临更大挑战的自闭症男孩——他的医生在新闻中读到关于 JUMP 的文章后联系了我，问我是否愿意辅导他。在 4 年级时，马修被诊断为数学能力属于后 0.1%，这意味着在平均每 1000 个人中，马修的测试成绩会低于 999 人。由于他对数学非常焦虑，有时会导致他在课堂上呕吐，因此学校已将他从正常班级中转出。

　　我用我在本书中描述的方法来教马修。令人高兴的是，我可以在这里告诉你们他的最新进展。从 2003 年到 2010 年，我（平均）每两周辅导马修一次。他偶尔还会接受 JUMP 的创作者之一弗朗西斯科·凯巴尔迪（Francisco Kibaldi）的辅导。2010 年，当马修的医生重新评估他的数学能力时，他的数学成绩在低平均水平范围内（约后 20%），这与 0.1% 的成绩相比是一个戏剧性的跳跃。从那时起，马修对自己的能力变得更加自信，表现得很喜欢上数学课。和丽莎一样，如果我每天都能教他（并且如果我是一个更好的老师），他应该还能走得更远。

　　马修和丽莎是两个比较极端的例子，大多数学生都比较容易教。但我觉得自己很幸运有机会辅导他们，因为在课程中，我学到了很多关于教学和孩子潜力的知识。他们帮助我看到，如果老师使用以掌握为基础的教学方法，即便是有显著障碍的学生也能学会数学。

　　如果我当时认为丽莎和马修的能力是固定的，并且无法通过练习提高，我很怀疑我是否能够帮他们提高这么多。如若这样，我也不会提升身为老师的技能，因为我不会去尝试新的方法，也不会从错误中学习。现在，当我的学生不能理解我试图教给他们的东西时，我总是假设错误在于我的课，而不是他们能力不足。当学生停滞的时候，我会试着确定是我教学方法中的某些东西让他们感到困惑、困难，还是他们之前关于某一主题的知识（可能是基于一个错误的概念）妨碍了他们的学习。

　　要帮助一些学生，可能需要很大的耐心、重复和试错。我曾辅导过一些学生，他们有非常严重的学习障碍，以至于我也没有使他们有太多进展，但即使是这些学生，也很喜欢学习数学，并从他们所学的知识中受益。

　　玛丽·简·莫罗的一位女学生，在 5 年级开始时的 TOMA 测试中，成绩处于第 9 个百分位[1]，她刚进入莫罗的班级时，成绩至少落后了 3 个学年。在这个班里的前半年中，这个女孩并不总是和其他学生做完全一样的作业，她的考试成绩也没有那么好。但莫罗确保女孩不轻易拿自己的进步速度与其他学生相比，她给这个女孩出特别的附加题以建立她的信心。莫罗还给

1　即其成绩只好于 9% 的同学。——译者注

这个女孩额外的时间练习 5 年级应掌握的基本技能。当女孩偶尔发现自己落后时，莫罗会向她保证，只要她努力，就会赶上。在 5 年级结束时，这个女孩的 TOMA 考试成绩达到了第 95 个百分位，一年后，她在毕达哥拉斯竞赛中只差 3 分就能获得优异。这个故事展示了练习的力量，也表明了让学生知道即使他们"还做不到"，但只要努力就会做到的重要性（如卡罗尔·德韦克所建议的那样）。

一些支持掌握型教学的人认为，尽管有经验实证支持这种方法，但这种方法从未在学校里流行开来，因为它对教师的要求太高了。如果期望教师使用以掌握为基础的方法，他们需要找到或创建比传统课程更为仔细的脚手架课程。他们还需要仔细跟踪每个学生的学习进度，并抽出时间重新教授学生没有学会的材料。虽然掌握型学习的这些方面确实具有挑战性，但许多教师发现，根据 JUMP 课程计划做一两年的实践，他们就可以内化脚手架式方法，不必做额外的工作就可以授课。

虽然以掌握为基础的教学要求可能减缓了布鲁姆思想的传播，但我认为他的方法没有被学校更广泛地采纳还有更深层次的原因。在《无知的终结》一书中，我提出，教育者常常把教育的目的与实现这些目的的手段搞混。我相信这种倾向才是掌握性学习没有流行起来的主要原因。

在国际象棋竞技中，训练的目标是成为擅长下棋的棋手。但如果棋手只是简单地反复下棋，那学习效率并不会很高。通

过渐进式的挑战进行集中练习，他们的进步会更快。国际象棋
训练的目标（下完整的、不受限制的棋）和实现这一目标的手
段（通过人为限制的分块训练来不断重复练习）看起来非常
不同。

学校希望培养出具有高度创造性和独立性的"21世纪学习
者"——他们在面对最困难的智力挑战时，会被永不满足的好
奇心驱使——因此，学校会不断地给学生提供"丰富"的问题
作为动力，这些问题只有少数已经拥有特定知识、技巧和思维
习惯的人才能解决，而这些素质又是学校期望通过这些问题教
授的。由于这种解决问题的方法会使大多数儿童的认知超负荷，
因此这种方法培养出了许多这样的学生：他们只对为通过下一
次考试而必须学习的内容感到好奇，并且避免在任何涉及数学
的实际功课方面表现出较强的创造力和智慧。如果我们的目标
是培养出具有良好幽默感的学生，我们的教学方法就正好合适。
一些网站展示了学生们的作品，这些学生找到了巧妙的方法，
把对数学的困惑变成了幽默。当在一道题中被要求"找 x"时，
x 出现在直角三角形的斜边旁，一位聪明的学生画了一个箭头
指向 x，并写下说明"在这里"。

认为只有给孩子们很多机会，让他们在几乎没有指导或准
备的情况下解决困难问题，他们才会变得擅长数学的想法，在
我们的学校里造成了巨大的破坏，特别是在那些父母无力聘请
家教来教授孩子解决问题所需的基本技能和概念的社区。而不

幸的是，对于弱势学生来说，我们误把目的当作手段的倾向非常严重。许多用心良苦的校长和老师出于好意，我曾多次听过他们为学生极力争辩说，学生有权在每堂课上参与解决他们其实无力解决的问题——这些学校里只有一小部分学生达到了相应的年级水平。

我相信，所有学生确实有权去解决丰富而有趣的问题，这些问题考验着他们的聪明才智，也提升着他们面对挑战时坚持不懈的能力。但研究表明，如果先让他们掌握解决这类问题所需的技能和概念，他们就更可能从中受益。

结构化的力量

现在的大多数学教科书中，单词比数字多得多。书本上通常充满了"文字题"，试图让学生通过在现实情境中应用数学知识而使数学变得相关。在国家和省级考试中，这些问题通常会将数学成绩好的学生和成绩不好的学生区分开。

有时，学生做文字题会很吃力，因为课本对他们来说太难了。但即使不是这样，他们也可能难以看到藏在词语之下的数学结构。教师经常试图给学生提供更多的文字问题，以求帮助那些在文字问题上有困难的学生。这种补救措施与火上浇油的效果是一样的——它不断强化学生的失败感，使他们更难发展出信心和解决问题时所需的专注力。

在 2、3 年级时，学生们有时会在文字问题上遇到困难，因为这些问题涉及由两种不同事物或两个"部分"组成的事物集合（或一个"整体"）。如果我们被告知鲍勃有 4 颗弹珠，艾丽丝有 3 颗弹珠，不难看出，我们可以将 4 和 3 加起来算出他们一共有多少颗弹珠。但如果题目告诉我们一个人比另一个多多少颗弹珠，问题就更难了。有的老师喜欢告诉学生在问题中寻找关键词，当看到"更多"这个词时，就说明这道题需要用加法才能找到答案。但事实并非总是如此。如果鲍勃有 6 颗弹珠，而艾丽丝比鲍勃多 2 颗弹珠，我们就会用 6 加 2 算出艾丽丝有多少颗弹珠。但如果鲍勃有 6 颗弹珠，比艾丽丝多 2 颗，我们就会从 6 中减去 2 来计算爱丽丝有多少颗弹珠。

当学生需要在阅读一系列文字问题的认知要求——不同问题的词汇和语境可能会发生变化——和识别所读问题类型的要求之间寻求平衡时，他们很容易出现认知过载。教师变换问题条件时，一次性变化的要素越多，就越容易把学生落下。

解决这个问题的一个方法是，让学生在一系列练习中寻找各种部分—整体问题类型的解法，在这些练习中，问题的类型是不同的，但数字都会比较小，文字最少化且几乎不改变。与其要求学生阅读整段文字——先是关于动物，然后是汽车，然后是蔬菜——不如给学生一些总是相同的短语，比如绿色弹珠和蓝色弹珠。先给他们最简单的问题类型（两个部分类型），然后再进展到更难的类型。

下面的问题给出了最容易的一种问题类型，即两部分问题类型，并请你找到总数与差。

部分与部分
将盒子涂上阴影以代表弹珠的数量。
然后找到弹珠的总数与两种弹珠的差。
5颗绿色弹珠
3颗蓝色弹珠

4颗绿色弹珠
6颗蓝色弹珠

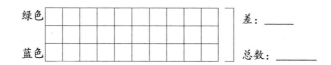

对于每一种问题类型，应该允许学生练习到足够的次数，这样他们就能在理解了一种类型之后再进入下一个类型。下面的问题展示了另一种类型。

部分与整体
一共6颗弹珠
2颗绿色弹珠

差：_____

总数：_____

部分与差别类型，当你知道更小的那部分及多出多少
3颗绿色弹珠
蓝色弹珠比绿色弹珠多4颗

差：_____

总数：_____

部分与差别类型，当你知道更大的部分及少多少
8颗绿色弹珠
蓝色弹珠比绿色弹珠少3颗

差：_____

总数：_____

当学生分别掌握了各种类型的部分—整体问题后，他们仍需要练习识别随机呈现的各种类型。对于一些孩子来说，即使他们已经分别掌握了每种类型的问题，在不同类型的问题之间进行转换也不是一件容易的事。如果问题以整段的形式呈现，就会影响到这项技能的学习。因此，教师可以将每个问题的信息放在一个表格中，如下图所示：

	绿色弹珠	蓝色弹珠	总数	差别
a.	3	5	8	蓝色弹珠比绿色的多 2 个
b.	2	9		
c.	4		6	
d.		2	7	
e.	6		10	
f.	3			蓝色弹珠比绿色的多 1 个
g.		2		绿色弹珠比蓝色的多 1 个
h.		4		蓝色弹珠比绿色的多 1 个

　　对于有能力处理较大数字的学生，教师可以在表格中加入一些比格子里的数更大的数字。这样做可以让学生走得更远一些，迫使他们自己画草图或依靠数字知识在头脑中寻找答案。关于刻意练习的研究表明，当学生不断被推到舒适区之外但又别太远的地方时，他们的学习效率最高。

　　做过这一系列练习的学生，当他们看到一个以完整段落呈现的文字问题时，仍然会惊慌失措。即使当这些问题以极简的文字表述时他们能够解答，但此时他们也会退回到猜测答案的方法中去。为打破这种猜测反射，JUMP 的作者之一安娜·克里巴诺夫（Anna Klebanov）想出了一个巧妙的解决方案。如下图所示，她把文字问题的片段（其中弹珠替换为鱼，这样学生就可以习惯语境的改变）放在图表的左侧。她没有要求学生写出问题的答案，而是要求他们在图表中填入所有缺失的信息，然后圈出答案。在允许学生回答问题之前，学生被迫形成了一个完整的（心理或物理）情境图像。这就阻止了学生单纯去猜测。

	红	绿	总数	差
a. 凯特有 3 条绿鱼和 4 条红鱼，她一共有多少条鱼？	4	3	⑦	1
b. 比尔有 4 条绿鱼和 6 条红鱼，他一共有多少条鱼？				
c. 玛丽有 8 条绿鱼，而绿鱼比红鱼多 2 条，她一共有多少条鱼？				
d. 彼得有 19 条鱼，他有 15 条绿鱼，他有多少条红鱼？				
e. 汉娜有 8 条绿鱼，而红鱼比绿鱼少 3 条，她一共有多少条鱼？				
f. 肯有 22 条红鱼和 33 条绿鱼，他的绿鱼比红鱼多出多少条？				

在布置完这种练习后，教师可以用更多的文字来引入问题，不同的问题情景不同。

部分—整体问题中，最有挑战性的类型是给学生提供总和与差的类型。例如："你有 20 个弹珠，你的绿色弹珠比蓝色弹珠多 4 颗。你有多少颗蓝色弹珠？"对于准备进一步拓展的学生来说，这是一道完美的附加题。

只有最困难的学生才会在我刚才概述的练习进程中遇到真正的障碍或陷阱。当我以这种方式教学时，我发现所有的学生都能以大致相同的速度前进，没有人落后。我也可以相当快地讲解完准备的材料，因为学生们都很投入，他们的大脑也没有过载。我总是会准备一批难度递增的附加题，所以没有人感到无聊。如果学生们准备好做更多的拓展，我则可以跳过一些步骤，使他们付出更多的努力。虽然我还没有机会对这一系列的练习进行严格的研究测试，但我预测，相比于在教学一开始就给学生提供大段完整文字问题的方法，这种方法会取得更好的效果。

当把语言从部分—整体问题中剥离出去，你就可以看到其中的数学是多么简单。为理解这类问题中的一切，你只需要知道两个部分，即总数和差。一旦你能够对这种类型题的情境形成心理表征（比如，把上述代表"部分"的两条柱状图形象化），你就已经摸索到了数学的深度。这里并没有什么隐藏的只有最聪明的人才能理解的奥秘。幸运的是，学校要求学生学习的所有数学都是如此：它们都可以通过一系列的步骤来教授，几乎任何人都可以理解。这是因为数学的底层结构总是简单的，几乎任何人都能理解，只要这种结构不被语言遮蔽，或者不因同时施加过多的认知要求而使学习变得困难。

当语言成为数学学习的障碍时，以英语为第二语言的儿童或阅读能力较弱的儿童最受伤害。而当这些学生在数学上落后时，后果也尤其悲惨，因为数学才是他们最容易焕发光彩、培养自信的科目。在学习数学的过程中，他们还可以发展出许多能力，这些能力也可以转移到其他学科的学习中去，比如集中注意力和坚持完成任务的能力，在一连串的符号中找到模式的能力，对物理情境形成心理表征的能力，推理、识别理论点和证明的能力，运用策略的能力，等等。在北美，特权阶层和受过良好教育的人开展运动，使数学教学越来越依赖于阅读能力（从教科书中的文字密度可以看出），这不仅是不科学的，而且也是一种可以轻易避免的社会不公形式，尤其是对弱势学生来说。

在本书的后面，我们还将探讨其他几个关于学习的迷思，包括认为个人的"学习风格"是我们大脑固有的，只有根据学生的特定风格进行教学时，学生才能学习；或者认为孩子通过接触大量的具体材料，就会自然而然地掌握数学概念。

我在本章中讨论的策略，可能会极大地影响数百万在数学上苦苦挣扎的孩子之后的教育轨迹，以及他们将成为什么样的成年人。当我们不断以压迫大脑的方式去教授数学时，人们便学会了放弃，一旦遭遇稍有难度的数学问题便会放弃。有些人甚至形成了一种信念，认为所有以数字或逻辑为基础的知识形式（如统计学、气候变化科学或经济理论），对普通人来说都太晦涩了。我相信，最近反科学政治运动的兴起，与我们未能让大多数学生接近数学和科学有关。

简·古道尔（Jane Goodall）在 2010 年接受了《科学美国人》（*Scientific American*）的采访，解释了为什么她现在花费这么多时间在世界各地巡回演讲，而不是继续进行使她成名的"黑猩猩研究"。

> 世界各地的年轻人都需要意识到，我们每个人几乎每天都会做的事情确实可以产生影响。如果每个人都开始思考他们所做的一系列小选择的后果——他们吃什么、穿什么、买什么、如何从 A 地到 B 地——并采取相应的行动，那么，这些数以百万计的小变化就会带来更大的变化，如果我们真的关心我们的孩子，我们就必然需要这些变化。这就是为什么我每年有 300 天的时间在路上，与年轻人、成年人、政治家和企业团体交谈——因为我认为我们没有那么多时间了。[15]

我最喜欢的事情莫过于坐在书桌前做数学。这种安详久坐的活动让我不用离开椅子，只需一支铅笔、一张纸和我的想象力，就可以漫游宇宙，探索世界的隐秘结构。但是，像古道尔一样，我并没有花那么多时间在研究上，因为我同意，我们没有多少时间来解决我们最紧迫的问题，包括全球变暖。

贝托尔特·布莱希特（Bertolt Brecht）在他写于 1930 年代

的预言诗《致后人》（"To Posterity"）中，捕捉到了我对我们这个时代的焦虑感：

> 这是什么样的时代啊
>
> 谈论树林也几乎是一种罪行
>
> 因为那意味着一种对不公的沉默！
>
> 他们告诉我：吃吃喝喝，喜悦你所享有的！
>
> 但是我怎么能够吃喝
>
> 当我的食物夺自饿夫
>
> 当我杯中的水抢自饥渴的人
>
>
> 老书上告诉我们的智慧是：
>
> 避开世事纷争
>
> 活好你的小日子
>
> 无所畏惧
>
> 不用暴力
>
> 以德报怨——
>
> ……我却一条也做不到：
>
> 我真正生活于如此黑暗的时代！ [16]

自布莱希特写下这首诗以来，我们在许多方面，特别是保护环境和减少经济不平等方面，并没有取得很大进展——部分

原因是我们没有做出一致的努力去消除智力贫困。我创立了
JUMP，因为我相信，改善我们生活状况最有效和最经济的方法
之一，是给人们所需的智力工具，以思考"他们做出的小选择
的后果"——正如古道尔所言。人们也需要一种力量感，能激
励他们去解决我们面临的最严重的问题。幸运的是，我将在接
下来的两章中讨论的研究给了我很大希望。如果人们把这项研
究的意义放在心上，就能发展出所需的思维方式和创造性资源，
让情况变得更好。

第 6 章

成功心理学

The Psychology of Success

我的一个学生内德，患有严重的注意力缺陷障碍。在辅导过程中，他有时会进入一种神游状态——坐着发呆，对周围发生的事情没有明显的意识。他有一种天赋，能把谈话引到任何话题上，而不是我想让他关注的话题上。他在记忆数字方面也有困难，即使已经 4 年级了，他还不会任何乘法。因为他很难集中注意力，我不得不非常努力地来帮助他保持对任务的关注。

我知道内德已经设法学会了认识上百位的数字，所以在一堂课上，我告诉他我将给他一个挑战：我将教他如何用心算将较大的数翻倍。我写了下面这些数字：

百万	千	
2 3 4	1 2 2	1 4 1

我用手将其余部分盖住只露出百万部分的数字，然后请内德读出他看到了什么。他说："两百三十四，还有百万。"我移动我的手将千部分显露出来，然后他说："一百二十二千。"当我将剩下的数字都露出来，他说："一百四十一。"正如我所期望的，内德对于能认读如此大的数字感到非常兴奋，并请求要认读更多数字。很快他就能认读上十亿的数字。

我这堂课的目标之一是激励内德记住一些乘法内容。因此，在复习了乘法的含义之后，我列出了两倍乘法表的前四项，并向他演示了如何将一个大数字翻倍，方法就是将每位上的数字翻倍并将结果写在该位下面。内德高兴地把数字翻倍，同时，也记住了这张表，很快他就不再需要这张表了。由于太过投入，内德在几分钟内就不知不觉地练习和学会了部分两倍乘法表。

我在很多教室都做过同样的注意力培养练习。一组学生一起做这个练习的效果，会比单人练习更好，因为学生们总是会希望能有机会在同学面前展示自己可以读出大数字的能力。有一次，当我给 2 年级的学生上这堂课的时候，我说："我给不出更难的了……我们可以数到数万亿或千万亿。"学生们喊道："是的！"（你可以在我的有关数学学习的 TEXxCERN 演讲中看到这堂课的一部分。）

　　我甚至给幼儿园上过类似的课。我在黑板上画了两个点，请一个志愿者把它们连起来。然后我把这些点分得更开，让另一个志愿者来连接它们。我这样做了好几次，直到其中一个点在黑板的一端，另一个点在另一端。这时，孩子们几乎都坐不住了，他们往往会非常兴奋地走上前来迎接挑战。然后我重复这个练习，但是我把一个点画在另一个点的上面，所以孩子们必须画一条垂直线来连接它们；然后我把这两个点放在对角线位置上。学生们似乎认为每一种变化都比前一种难，因此变得越来越投入。最后，我画了很多点，并给它们编号，然后让学生把这些点按顺序连起来，边做边报数。我甚至让他们预测当把这些点全部连起来时会出现什么字母或形状。我发现这个练习可以帮助孩子记住数数的顺序，可以为他们书写字母和数字做好准备。

　　我也在 8 年级和 9 年级上过类似的建立信心的课程，比如，我向学生们展示，在 30 分钟左右的时间里，他们就可以学会解决一些看起来相当复杂的方程。有趣的是，这些课程在每间教室都会产生相同的影响。不断增加的变化，以及看起来具有挑战性或超出年级水平的数学内容，往往使学生们反应热烈。同时，所有或几乎所有的学生，包括那些注意力不集中、行为有问题的学生，都能够专注参与到课堂中来。

相似大于不同 *

　　许多人很难相信，整个班级的孩子会以几乎相同的方式，深入地参与一堂数学课。我们的教育和社会中流行的观点是：孩子是独特的个体，他们以非常不同的方式和速度学习，并且被各种不同的事物激励着去学习。根据这种观点，儿童甚至有不同的学习方式：有些是动觉型学习者（他们通过运动去学习的效果最好），有些是听觉型学习者（他们通过听的学习效果最好），还有一些是视觉型学习者（他们通过看的学习效果最好）。孩子们也有不同的智力：一些可能有更高的音乐智力，另一些可能有更高的数学智力。

　　许多教育工作者相信，当老师在课堂上使用的材料或方法符合学生的认知方式时，学生会学得更好。例如，如果给视觉学习者展示一系列描述这些单词的图片，他们可能会更容易学会一组单词。这种学习观点被称为学习方式理论。

　　在过去的十年中，许多著名的认知科学家写了一些文章或书，对学习方式理论提出质疑。2008 年，一组认知心理学家受委托进行了一次文献综述，以确定该理论是否有经验证据的支

---

* 在《为什么学生不喜欢学校》（ *Why Don't Students Like School* ）一书中，丹尼尔·威林厄姆说，教育的指导原则应该是"学生之间的相似大于不同"。

持。研究小组发现，大多数关于学习方式的研究都没有很好的设计，因此无法验证该理论的有效性。少数设计良好的研究，要么是没有得到支持证据，要么就是得到了负面证据。此外，按照心理学家亨利·勒迪格（Henry Roediger）和马克·麦克丹尼尔（Mark McDaniel）的看法，这篇综述表明"更重要的是，教学模式要与所教科目的性质相匹配：对几何和地理进行视觉教学，对诗歌进行口头教学，等等。当教学风格与内容性质相匹配时，所有的学习者都能学得更好，不管他们对教学方式的偏好有何不同。"[1]

根据丹尼尔·威林厄姆的说法，90%的教师都相信学习方式理论。[2]如此多的教育者相信一种没有严格证据支持的理论，其原因可能是每个孩子必然是不同的。有些人更擅长记忆图像，有些人更擅长记忆声音，有些人喜欢古典诗歌，有些人喜欢说唱。没人能否认，孩子们有不同的品味和兴趣，不同的认知能力和智力。

但是认知科学家并不否认这些事情。他们只是指出，即使孩子们有不同的兴趣和能力，他们也不一定会在他们喜欢的教学模式中学习得更好。正如威林厄姆所说：

> 数学概念必须通过数学的方式来学习，而音乐技巧则不会对此有任何帮助。写一首关于高尔夫球杆挥杆弧线的诗，也不会对你的实际挥杆有帮助。这些能力并不是被完

全隔绝的，但它们之间有充分的区别，你不能利用你擅长的一项技能来改善你的弱点。[3]

虽然我对学习方式理论提出了反对意见，但我并不是说老师不应该利用学生的口味与喜好来激发他们的学习兴趣。例如，一些老师利用说唱音乐或艺术来帮助学生培养对数学的兴趣，向他们展示这门学科可以很酷、很美。然而，一旦学生愿意关注一堂数学课，大部分教学将仍以适合所教内容的方式进行。

当我把挑战分解成可控的小部分，并逐步提高难度时，即便我没有做任何其他事情来激发他们的兴趣，学生也会对数学产生兴趣。我不用给他们吃切成小块的披萨来激励他们做分数附加题。如果课程架构良好，学生就能够通过适合内容的任何模式或任何表征形式学习。我教数轴不是因为它们会帮助视觉学习者，而是因为它体现了许多真实世界的抽象结构，并且也是解决问题的强大工具。幸运的是，学生们不需要是天才艺术家或有很强的视觉想象力，才能画出或可视化一个简单的数轴。数学中的大多数表征都是这样的。事实上，研究表明，没有那么多细节的表征，可以轻易被任何学生接受，也往往会是最有效的教学工具。

强调学生之间差异的教育理论似乎是善意的。毕竟，认为学生是有独特需求和兴趣的独特个体会带来什么伤害呢？但我相信，这些理论可能会让人们认为学生之间的一些差异是自然而然的。因为我们过于关注孩子们在学校里的差异，却没有注意到相关研究表明，孩子们的大脑都以大致相同的方式工作，并具有大致相同的潜力。我们忽视了适用于每个大脑的学习原则——例如，强调脚手架支持、反馈和练习的重要性——我们人为地将截然不同的学业成就标准强加给了我们的学生。

我认为，我们的学习理论也造就了一些学校，这些学校的学生在学业参与方面表现出极大的差异。正如有一些普遍原则决定了我们如何学习一样，也有一些普遍原则决定了我们如何能够有动力去学习。幼儿园的学生们迫不及待地将黑板两端的一对点连线，8 年级学生喜欢炫耀自己解决困难方程的高超技巧，这都是同一种驱动力在发挥作用，而这种驱动力也使成人启程驶向未知的海域，使他们训练自己的身体耐力以达到新的层次，或提出宇宙的新理论。如果我们希望利用这些基本的人类驱动力来帮助每个学生学习，便需要重塑我们的动机理论与成就理论，使它们建立在以平等而不是差异为基础的原则之上。

动机的科学

丹尼尔·平克（Daniel Pink）在他的著作《动机》（*Drive*）中，引用行为科学几十年的研究，构建了一个新的动机理论，这有助于解释为什么当我使用上述的教学方法时，学生们会对学习数学感到兴奋。这本书受到了行为科学家的赞扬，也启发许多商业领袖重新思考他们激励员工的方式。平克认为，一旦人们的基本经济和物质需求得到满足，他们的动机就主要来自3个深刻而持久的欲望：他们想要从事有目的或有意义的活动；他们想精通自己所学和所做的事情；他们想要一种自主的感觉，知道他们可以控制自己的选择。[4]让我们来看看这三种驱动力通过哪些方式影响了学生的行为。

当老师试图激励他们的学生时，经常会依靠"外在"的奖励。这些奖励可能包括代表表现良好的小金星、高分或运动奖牌，这些奖励是给学生的，以鼓励他们更努力地学习或在学校表现更好。这类奖励被称为"外在奖励"，因为它们不受被奖励者的直接控制，也不是学生参与的活动所产生的内在或直接产物。

心理学的研究表明，外在的奖励有时会产生意想不到的结果。在一项研究中，研究人员找到一群幼儿园的孩子，他们本来喜欢花时间自己画画，无须大人的任何鼓励，他们只是为了纯粹的快乐。在研究中，有一半的孩子因为画画而得到奖励，另一半则没有。经过几周的试验，研究人员发现，那些得到奖励的孩子（可悲地）花在画画上的时间变少了，对画画的投入也更少了，而那些没有得到奖励的孩子，却以同样的热情、花费同样的时间继续画画。[5]在另一项研究中，心理学家爱德华·德西（Edward Deci）让成年人组装一个索玛立方体（这些小方块必须按照给定的配置拼好），并将拼装过程分为 3 个阶段。其中一组在第二阶段（仅在这一阶段）获得了报酬，但他们在第三阶段中试图解决难题的热情明显低于第一阶段，而始终无报酬的那一组却没有失去任何动力。许多涉及各种条件、各个年龄层研究对象的其他研究都已显示，当一个特定的活动需要思考或创造力，外在奖励几乎都抑制了奖励所要激励的行为。

与需要外部动机的活动不同，那些能给人以使命感的活动（因为它们本身就有意义或价值），或者能让人在克服挑战时有掌控感或自豪感的活动，都是"内在"激励型活动。许多研究表明，当人们从事那些能让他们创造、发现或体验新事物的活动时，他们会产生一种强烈的使命感或成就感。正是心理学家爱德华·德西和理查德·莱恩（Richard Ryan）的工作，使《动机》这本书得到启发，根据他们的说法，人类有一种"内在倾向，会带领人们去寻求新奇和挑战，去扩展和锻炼自己能力，去探索和学习。"

这些驱动力有助于解释学生为什么会如此专注于他们的工作，尤其是当我引导他们理解某个数学方法为何可行，或者给他们一系列难度递增的问题时。孩子们喜欢自己探索新想法或发现新事物，他们也喜欢掌握新技能，并展示他们可以克服任何挑战。甚至在很小的学生身上，我就看到了这种对于掌握新技能的强烈热情，比如，当我教 5、6 岁的孩子通过数数来做加法时，我告诉我的学生，4 加 3 只要握紧拳头时说 "4"，然后开始从 4 开始数，每数一个就举起一根手指。

4　　5　　6　　7

要算 4+3，握拳说出 4，然后开始数数，一次竖起一根手指，直至你竖起了 3 根手指。

当孩子们学会这样做加法时，他们喜欢通过数越来越大的数字来炫耀。这种方法的缺点是，学生有时会在说出第一个数字时不自觉地竖起大拇指（这样他们得到的答案就会大 1）。但是一位来自英国的老师曾经告诉我，他有一个解决该问题的办法。他会大声说出求和的第一个数字，然后假装把该数字扔给一个学生。学生用拳头抓住数字，拇指夹在手指下面，然后重复数字，接下来他们就可以继续数数了。抓住数字的动作有助于让他们记住数数开始时拇指收拢。我和数百名学生一起玩过这个游戏，我发现学生们即使不做加法，只要接住数字就会变得非常兴奋，这很有趣。他们似乎喜欢展示自己能够捕捉到越来越大的数字的能力。如果他们能从这个数字起继续往下数，当然更棒了。

本·巴克利（Ben Barkley）是纽约州北部一所美国印第安人学校的校长，他最近给我发了一封电子邮件，描述他的 1 年级学生（和老师们）对这个游戏的反应：

> 信心建设的方法在我们的老师那里取得了巨大的成功，其引发的兴奋感和参与程度都令人极为振奋，让人印象深刻。在 1 年级我们用 924+4 玩了捕捉数字的游戏！孩子们尖叫着数到几千，但是时间很快到了。一位老师滔滔不绝地在我面前说了 5 分钟，孩子们想要玩更多，他们在座位上根本坐不住。

梅勒妮·格林（Melanie Greene）在曼哈顿下东区一所学校教书，她在"学生成就伙伴"（Student Achievement Partners）网站上发表了一篇博客，讲述 4 年级学生对数学的兴奋之情。她所在的学校于 2014 年采用了 JUMP 课程，学校的数学成绩在州级考试中的提升幅度是纽约市所有学校中最大的。以下摘自她的博客：

> 我在这些分数中看到的还不是全貌。我的教室里发生了一些特别的事情。每一天，我的学生都迫不及待地开始学习数学。即使是成绩最差的学生也会从座位上跳起来回答问题。我永远不会忘记那个特别的学生，她在开学时哭了，因为数学对她来说太难了。但她很快就开始学习 JUMP 数学，并在同一年的纽约州考试中获得了 4 分（最

高的分数）。一想到她的成就，我就不禁热泪盈眶。

想让学生重视数学（或任何学科）的老师，需要密切关注知识的掌握程度和内在动机之间的联系。在希望每个学生都精通数学的学校里，学生们得到的信息是数学是值得学习的，因为他们的老师正在齐心协力，以确保每个人都真正学习到数学。同伴的态度会强化这一信息，因为孩子们喜欢掌握事物，尤其是当他们一起获得成功的时候。另一方面，在不重视掌握数学的学校里，遭遇学习困难的学生很可能会有意识或无意识地得出以下三个结论：

1. 数学虽然重要，但是我学不会。
2. 数学重要，我能够学会它，但是没有人能教我或想要教我。
3. 数学不重要。

这些结果都不能帮助学生培养学习数学的内在动机，也不能帮助他们与老师建立积极的关系。没有掌握教学方法的老师和他们的学生一样痛苦，因为他们与学生的关系不那么令人满意，教学的内在动机也没那么强烈。

虽然我相信所有的学生（除了严重学习障碍的儿童）在学习和参与数学方面的能力大致相同，但我也认识到一些学生有不同的短期需求。一些学生可能缺少基本的知识，或者有行为问题，或者对学习感到焦虑。学校需要想办法给这些学生额外的支持和额外的时间，好让他们学会需要掌握的基本技能和概念。

虽然我相信有些学生需要不同类型的支持和指导，但是我也认为，教师常常太过于"区分"指导了。他们将学生分成明显不同的能力组，并根据学生是"动觉型"学习者还是"视觉型"学习者，对学生有不同的期望。他们给学生"低起点、高天花板的问题"，这些问题有"多个切入点"，因为教师们相信一部分学生只能解决琐碎的小问题，而另一些学生则能解决高层次的问题。他们进行一些学生并没有准备好的测试，并且不断通过公开或更微妙的方式向学生传达他们是不同的。玛丽·简·莫罗能够显著地改变班级成绩的钟形曲线，是因为她让所有的学生都觉得，他们能完成大致相同的事情。

教育研究人员黛博拉·斯蒂佩克（Deborah Stipek）表示，研究指出，"小至 1 年级的学生都能清楚地意识到，成绩相对较差的学生和成绩较好的学生会受到老师的不同对待。"[6] 如果学生们在什么事情上有天赋的话，我会说就是他们知道自己被设定在哪个层级，比如，当面对一个低起点、高天花板的问题时，如果他们认为自己已经被降到了最低级，那么他们的大脑就不会像被认为是顶级时那样运转良好。低起点、高天花板的问题，有时可能对学习速度较快的学生有用，但使用它们时要小心，这样学生就不会知道他们所在的层级。与此同时，老师也不应该满足于让某些学生长久待在低层级。

在数学方面，我发现让学生做同一道题相对容易。因为我可以用可控的步调前进，并确保每个学生都有参与课程所必需的预备知识，所有的学生通常都能跟上进度（除非他们落后几个年级，需要更多时间完成任务）。我使用附加问题来区分我的教学——我将在下面给出解释。如果我的附加问题只是对常规问题稍加变化，速度快的学生可以独立解决，而我就可以激发（最初）较弱的学生更深入地参与到课程中，因为他们看到，稍微努力一下也可以解决附加问题。我想说的是，JUMP 提供了差异化的指导，却没有产生差异化的结果。

老师们有时不愿意以更公平的方式教学，因为他们担心较强的学生会被亏待。但像莫罗这样的老师已经证明，学生们可以一起走得更远。在不公平的教室里，起初较强的学生会被同学拖后腿，而这些同学的进步速度也比在公平的班级里要慢得多。另外，较强的学生可能会被那些认定自己数学不好的学生的破坏性行为分散注意力。当较强的学生看到较弱的学生必须努力学习那些对他们来说很容易的概念时，他们通常会开始认为擅长某件事就意味着不需要努力。卡罗尔·德韦克的研究显示，这些学生其实在学业上面临着风险。随着学习变得越来越困难，他们常常会在遇到挑战时放弃，因为他们认为自己的才能已经达到了极限。

更强的学生也常常因为错误的理由而被激励去学习。他们会为了比同龄人更好、获得更高的排名，或为取悦成年人而努力学习，但这并不是因为他们喜欢学习本身。因为这些学生只受在奖励的驱使，这些奖励与思考的乐趣毫无关系，他们可能会因此而完全失去思考的动力。他们会通过恰当的努力给人一种错觉，让人觉得他们在思考，因为这是他们的老师或家长希望他们做的。这种情况并不会发生在所有较强的学生身上，但这是一个重大的风险，这或许可以解释，为什么那么多在小学里数学不错的学生渐渐对这门学科失去了兴趣。

社会学家迪尔凯姆（Durkheim）曾经观察到，当人们在群体中体验到某种目的感或敬畏感时，会异常兴奋，很少有比这种兴奋更强烈的感觉。迪尔凯姆把能席卷人群的传染性快感称为"集体沸腾"。如果要进行小组教学，我们就可以利用小组学习的这一优势。当学生们同时想到一个想法或掌握赢得挑战技巧时，他们就会被一种集体沸腾式的热情席卷。这种兴奋感让每个学生都觉得数学本身就是有趣的，并且非常值得学习。

根据丹尼尔·平克的研究，人们并不是单纯被渴望掌握或被达成目标的欲望驱动；他们也渴望有自主驱动力，希望感受到行为都是自主自发的，并且都在自己的掌控之中。这对教师来说是一种挑战，因为，正如我曾指出的，研究显示学生需要大量的指导才能掌握所学。

幸运的是，掌握所学的乐趣似乎大大弥补了学生对指导的需求。只要能在一定的范围内掌控挑战，学生们便很享受在老师的指导下学习。甚至老师在指导学生时，也可以做很多事情来帮助学生，让他们感到是自身在主导自己的学习。例如，当我评估我的学生时，我往往会在黑板一边写上几个我想让每个学生回答的问题（否则他们无法继续下去）。我告诉他们，如果完成了这些问题，他们就会在评估中获得满分。然后我把附加问题写在黑板的另一边，我告诉学生们，如果他们想做附加问题就可以做。令人惊讶的是，如果有能力，学生们几乎总是会选择去做附加题。

学生们也知道，我不会通过评估或考试来给他们进行排名，也不会让他们因为恐惧而努力学习。他们知道测试是为了练习，如果他们没有准备好，我不会给他们测试。我还告诉他们，考试能帮助我了解是否把课程内容讲清楚了，如果他们做得不好，那可能是我的过错。当测试的目的是期望每个人都能取得成功时，测试就具有了内在的激励作用；学生们也会把测试看作是展示自己掌握了多少知识的机会。曾经有一次，我连续五周教一个 3 年级的班级。当课程结束时，我进行了一次有关分数（fractions）的测试，测试内容超过了他们的年级水平，至少需要 30 分钟来完成。而那些当天缺席错过考试的学生，都来恳求我允许他们补写试卷。

我并不是主张不允许学生奋斗。但关于动力的研究表明，当人们在从事的活动中发现内在的动力时，他们便会在困难的任务上坚持更久。当学生培养出解决难题的能力时，他们对知识的掌握感就会成为一针强心剂，促使他们更加努力，以达到更高水平。然而，当学生总是无法掌握所学时，他们就进入了一个恶性循环，每次失败都会降低他们大脑的工作效率，降低学习积极性（即使老师试图用外在奖励或威胁来改变他们的行为）。

为了让学生有自主感，教师还可以留出时间让学生主导自己的活动。JUMP课程资源包含可以自主进行的游戏和活动。玛丽·简·莫罗有时会让学生选择可以在家里完成的项目，例如，在一堂概率课后，她让学生们自己设计游戏。但她从来不会把学生需要知道的有关题目布置成家庭作业。她不希望因为家庭作业而造成课堂上的不平等，比如家长监督孩子写作业，或者教孩子们第二天需要的概念或技能。因为有些父母可能没有时间，或者没有专业知识来帮助他们的孩子学习数学。（如果老师确实想布置家庭作业，我建议可以采用学生已经知道但需要练习的材料。）

渐进变化的力量

当我第一次在市区的课堂上做志愿者时，我突然想到可以把学生当成观众（也许因为我是一个剧作家）。正如迪尔凯姆指出的那样，当人们在一个群体中体验着同样的想法和情感，或跟随同样的故事时，他们的那种兴奋感之强烈是无与伦比的。

在我听到的所有关于教育改革的讨论中，我从来没有听过任何人谈论这种"听众效应"。这可能是因为，人们很难想象整个班级都对数学感到兴奋，或者在同一水平上取得成功。

当一个群体中有明显的学术等级时，感到自卑的学习者往往会疏离于群体，因此群体中很少会有集体兴奋。但这让许多学习者处于极其不利的地位，因为当我们对所学内容感到兴奋时，我们的大脑会更好地运作。

大多数老师发现，让学生保持在同一个水平区间——他们都在努力迎接相同的挑战或理解相同的概念——是非常困难的。这是因为学生的背景知识水平不同，学习效率也不同。即使我教的是简单的步骤，一些学生也总是需要一点额外的时间来练习所学的技能，或巩固一个想法。在这种情况下，我会设计额外的问题，这样一来，那些掌握了该步骤的学生就可以独立学习，而我则专注于那些需要我关注的学生。

当老师想给较强的学生布置额外作业时，通常会选择从课本或数学网站上找到的题目。因为老师很忙，并不能经常匀出时间仔细分析这些问题，看看它们是否包含了学生没有学过的新词汇、技能和概念。当解决问题需要未曾教过的预备知识时，老师往往不得不花时间帮助更强的学生，相对的，他们也只剩更少的时间去帮助真正需要帮助的学生。

当给附加题时，我会小心翼翼地避免改变问题中过多的元素，避免引入任何新技能或新概念。我设计这些问题的目的是挑战学习快的学生，而不是刁难他们。在更强的学生可以独立学习的同时，附加题可以使我有更多的时间与真正需要我帮助的学生在一起。设计良好的系列附加问题，也能够以另一种方式帮助起点较低的学生：当这些学生看到附加题也在他们可能掌握的范围之内时，他们便会更加集中精力、更加努力，以完成附加题。

这里是一个系列附加问题的例子，它可以让学得更快的学生继续进行富有成效的探索，也为走得较慢的学生提供了一条深入理解的可能路径：在一个分数中，分母（或底部的数字）告诉你一个整体中共有多少小块；分子则告诉你，你对多少块感兴趣，或者说你选择了多少块。两个分数相加，要把分子相加，因为你想知道在两个分数中一共选了多少块。但是分母不需要相加。如果你吃了 $\frac{1}{6}$ 的披萨，然后再吃 $\frac{1}{6}$，你就吃了 $\frac{2}{6}$ 的披萨。注意，当 $\frac{1}{6}$ 加 $\frac{1}{6}$ 得到 $\frac{2}{6}$ 时，分母不变，因为每块披萨的大小不变。同样地，当你将一对分数相减时，将分子相减（因为你拿走了几块），但分母保持不变。

当学生们已经学会做像 $\frac{1}{3} + \frac{1}{3}$ 与 $\frac{5}{8} - \frac{1}{8}$ 这些简单分数的加减时，我会在黑板上写出一系列附加题目，提供给那些需要额外作业的学生。我可能从更大的分母开始：

$$\frac{1}{325} + \frac{1}{325}$$

（让人惊讶的是，虽然分母在加法中无关紧要，但低年级学生们认为这是比 1/4+1/4 更难的题目。当我把分母的数字增加到数千或上万，即使是 5 年级的学生也会兴奋起来。）

我也会让学生来做 3 个分数的加法，或在题目中将加法与减法组合在一起：

$$\frac{1}{7} + \frac{1}{7} + \frac{1}{7} \qquad \frac{3}{10} + \frac{4}{10} - \frac{2}{10}$$

我可能在题目中犯一个错误，并让学生来纠正我的错误：

$$\frac{2}{11} + \frac{5}{11} = \frac{7}{22}$$

我可能构造一个代数谜题，要求学生填写丢失的数字：

$$\frac{\square}{13} + \frac{5}{13} = \frac{9}{13} \qquad \frac{12}{17} - \frac{\square}{17} = \frac{6}{17}$$

我可能会推动学生进一步突破思维——无须引入任何新的概念。当我让学生来简化下面的表达式，他们常常抗议并表示他们对此无能为力，因为我还没有教他们做分母不同的分数加法。

$$\frac{1}{3} + \frac{1}{4} + \frac{1}{5} + \frac{2}{3} + \frac{3}{4} + \frac{4}{5}$$

我告诉学生不要放弃，因为他们其实拥有解答这道题的所有技能。最终他们看出可以通过改变加数的次序并将分母相同者相加而得到答案。

$$\frac{1}{3} + \frac{1}{4} + \frac{1}{5} + \frac{2}{3} + \frac{3}{4} + \frac{4}{5}$$
$$= \frac{1}{3} + \frac{2}{3} + \frac{1}{4} + \frac{3}{4} + \frac{1}{5} + \frac{4}{5}$$
$$= 1 + 1 + 1$$
$$= 3$$

所有年龄段的学生都喜欢面对一系列难度递增的挑战（就像在电子游戏中那样），并且他们喜欢在同学面前炫耀。在一系列附加题中，把第一个问题变得足够容易以吸引最弱的学生跟随挑战，这一点很重要。如果我能为最弱的学生找到正确的切入点，那么当全班加快速度并一起享受数学时，实力更强的学生最终会从中受益。因为学生在兴奋时大脑的工作效率更高，这种加速可以发生得非常快——往往在一节课之中。

对于教师来说，出题时每次只改变一到两个问题的特征，并不是一件容易的事情。玛丽·简·莫罗喜欢教数学，在开始使用 JUMP 之前，她是一名公认的优秀老师。但在阅读了 JUMP 教师指南后，她意识到，之前在一个步骤中教授的许多概念，实际上涉及三四个步骤，或者她并未评估或教过扩展步骤中所需的技能或知识。JUMP 的编写者和我花了大量时间学习如何一小步一小步地进行教学，但即使我们有这么多经验，有时仍然会无意识地改变一个问题中的多个元素。

在早期版本的 JUMP 学生教材中，我们制作了几个图，旨在帮助学生学会辨认平行线。在每个图中，这两条线的长度相同，一条线直接位于另一条线的上方，如下所示：

然而，在我们的小测验中，我们问学生，如下面所示的图 A 与图 B，图中的线段是否平行：

一些学生认为这两对直线都不平行。他们根据书中的例子推测，平行线的长度必须相同，并且必须对齐，这样就不会有任何一条线向任何方向超出。

　　这个例子说明了为什么专家并不总是最好的老师。这些花了大量时间学习如何识别同一概念下不同实例的人，有时很难理解这些实例在新手看来有多大不同。JUMP 的作者和我认为，学生课本和测验中的平行线的例子是相似的，因为（在我们看来）在每个例子中，如果线段无限延伸，它们看起来都不会相交。但是，由于同时改变了太多的东西，包括线段的相对长度和方向，我们无意中创建了一组示例，在一个新手眼中，它们彼此看起来非常不同。当父母认为他们的孩子故意装傻或无视他们认为显而易见的指示时，他们也应该记住，让新手跟随太多概念上的变化是非常困难的。

　　我们在本章中看到的关于学习方式和动机的研究，只是大量人类行为研究（包括焦虑、同理心和执行力研究）中的一小部分，这些研究对教育公平具有重要意义。例如，心理学家西恩·贝洛克（Sian Beilock）和同事们最近的一项研究表明，相比于异性老师带来的数学焦虑，年幼的学生会更多地将同性老师的数学焦虑内在化。[7] 因为大多数小学老师是女性，而且大部分小学老师都有数学恐惧症（这是公认的），所以女孩可能会比男孩更多地受到老师们数学焦虑的负面影响。现在，低年级女孩的数学成绩通常和男孩一样好，甚至优于男孩，但她们对自己成绩水平的看法比男孩更消极，当她们长大后，专攻理工学科的可能性也更低。关于焦虑的新研究可能有助于解释这些性别差异，也促使我们去寻找方法，让男孩和女孩有同样的机会在数学或需要数学的领域追求事业。

在莫罗的班级里，男生和女生在数学成绩、对数学的热情方面并没有太大差异。这并不奇怪，因为我所讨论的关于学习的研究表明，我们可以——如果我们认真对待公平的话——通过很少的努力，来消除数学上的机会差距。

长久以来，人类都能看到人与人之间明显的差异，即使这些差异是虚幻的或表面的。美国的奴隶贸易建立在一种信念之上，即非裔美国人只有儿童的智力能力，父权社会传统上认为女性不适合接受更高层次的教育，也不适合离开家庭工作。不平等的种种变体大多不外乎下面两种形式：一群人比另一群人享有更多的机会（在前面的例子中是指白人男性），他们会武断地判定，另一群人要么是不想要同样的机会，要么是不能从同样的机会中获益。我们对数学能力的态度则兼有对这两种形式的无知。

认为许多人天生就不喜欢数学的观点，与认为许多人没有学习数学的能力的观点一样，都是不科学的、有害的。幸运的是，在过去 20 年里，关于驱动力的科学已经与有关学习的科学相融合。我们现在知道学习者喜欢掌握知识，并且由于进化的幸运结果，人们通过掌握学习能学得最好。在下一章中我将谈到创造力，它也可以通过正确的方法得到发展，就像发展更高阶的思考能力与解题能力一样。

第 7 章

创造力的关键

The Keys to Creativity

20世纪80年代初，我刚开始学习写剧本时，总是会随身携带一本笔记本，这样我就可以记下我在公共汽车、火车或其他公共场所听到的对话片段。有一次，在曼哈顿的一条街上，我看到一对情侣正在就他们的关系进行非常激烈（也非常公开）的争论。当我从这对情侣身边走过时，那位愤怒的女士对她的搭档喊道："你就是不知道自己不想要什么！"我立刻把这句话记在了笔记本上（后来我把它用在了自己的一部戏剧里），因为我觉得它既有趣又有启发性。曲折的句法，加上双重否定，完美捕捉到了这个女人的挫败感。但它也暗示了一个更深层次的关于人类经验的真相，这是我直到那时才意识到的。我们都花了大量的时间试图弄清楚我们在生活中想要什么，但我们甚至可能花了更多的时间，通过一些近乎随机的、痛苦的尝试与犯错，来弄清楚我们不想要什么。

我的戏剧中那些精彩的台词或情节，很多都是基于我的所见所闻，如果不是亲眼所见，我根本无法凭空想象出来。年轻的时候，我认为（和许多年轻人一样）艺术家和科学家的所有想法都来自想象，并且这些想法在到来时就已经完全成形。但是，在成为一名剧作家和数学家的过程中，我了解到，创造性更多地涉及选择和组织材料，而这些材料都是随意地通过你的想象或现实世界呈现出来的。正如哲学家弗里德里希·尼采（Friedrich Nietzsche）解释的那样：

> 艺术家乐于相信启示的闪光，即所谓的灵感……它从天而降，如同一缕恩典。在现实中，一个好的艺术家或思想家的想象力会不断产生好的、平庸的、坏的东西，但他的判断力，经过训练和磨砺，达到了一个很好的境界，拒绝、选择、连接……所有伟大的艺术家和思想家（都是）伟大的劳作者，孜孜不倦，不仅在发明，而且在拒绝、筛选、改造和排序。[1]

在成为剧作家和数学家的过程中，我还认识到结构并不是创造力的障碍；它常常激发创造力。数学家们已找到方法，将看似严格的数学规则和定义转变成令人惊奇的原创性结构，而作家则通过运用的带有限制的媒介（比如古典诗歌和戏剧中严格的韵律体系）来激发他们的想象力，帮助自己将思想成形。俳句是一种特别困难的诗歌形式，因为诗人的选择受到每行音节数量的严格限制。但我最喜欢的俳句之一是一个小学生写的，他利用这些限制创作了一首非常有趣的自述诗，也是一种抗议行为。当这个男孩的老师让他写一首俳句作为他的创意写作作业时，他想到了下面这句话：

> 五音节在此
>
> 那里再来七音节
>
> 现在你满意了？

在这一章中，我将更深入地研究艺术家和科学家的技术和思维习惯，他们用这些技术和习惯来筛选、整理，并将他们的经验转化为原创科学理论或艺术作品。我还将讨论创造力和好奇心在生活各个领域的成功中所起的更广泛的作用。

数学与创造性

正如有一门新兴的有关专长的科学一样，现在也出现了一门有关创造力的科学。如尼采所预见的，这项研究表明，有创造力的人不会被动等待神圣的灵感火花来击中他们，相反，他们善于产生（或收集）大量的想法，并利用他们的专业知识在其中选出可能会结出硕果的部分。他们经常通过反复试错来找到问题的解决方案，而且他们极其执着。贝多芬在最终定稿前，有时会在一个乐句上尝试多达六七十种不同的草稿。"我做了很多修改，然后否定，再尝试，直到我满意为止，"这位作曲家告诉一个朋友，"只有到那时，我才开始在脑子里有广度、长度、高度和深度的概念。"[2]

富有创造力的人往往有着极其广泛的兴趣和爱好。一项研究发现，大多数诺贝尔物理学奖和化学奖得主同时也是成就颇丰的作家、音乐家或艺术家。拥有多个领域的专业知识可以帮助有创造力的人跳出思维定式，看到事物之间的类比和联系，而这些事物表面上似乎并不相关。例如，根据心理学家迪安·西蒙顿（Dean Simonton）的说法："伽利略之所以能够识别月球山脉，可能是因为他受过视觉艺术方面的训练，特别是在使用明暗对比法描绘光和影方面。"[3]

亚当·格兰特在他的著作《离经叛道》（Originals）中描述了一组新的研究，这些研究表明，极具创造力的人常常无法对自己工作的优劣做出最佳判断，他们往往更重视不太重要的工作，而不是最重要的工作。然而，他们善于判断同行工作的价值（而来自其他领域的专家往往不能）。[4]有创造力的人增加成功概率的方法，是进行持续的探索，同时借鉴同行的专业知识帮自己决定把精力集中在哪里。

　　格兰特认为，富有创造力的人往往会从他们年轻时看过的发明和冒险故事中得到启发。一项大规模的研究为故事对创造力的影响提供了有趣的证据：在美国，强调原创成就的儿童故事（从 1800 年到 1850 年）显著增加，随后则是专利授权数量的急剧增加（从 1850 年到 1890 年）。父母和老师可以在孩子小的时候给他们介绍这类故事，从而培养他们的创造力。我对艺术和科学的兴趣，无疑是在成长过程中读到的关于艺术家和科学家的故事所激发的。

　　创造力和好奇心是紧密相连的。有创造力的人会寻求新的体验和新的知识，会不遗余力地钻研他们迫切想解决的谜题和问题。列奥纳多·达·芬奇不仅是一个具有普遍天赋的创作天才；正如艺术史学家肯尼斯·克拉克（Kenneth Clark）所说："达·芬奇无疑是有史以来最好奇的人。"达·芬奇在笔记本中写道：

　　　　我在乡间徘徊，寻找我不理解的事物的答案。为什么山顶上会有贝壳、珊瑚，还有海洋里常见的植物和海藻的痕迹？为什么雷声持续的时间比雷声产生的时间更长？为什么闪电在产生时立即可见，而雷声需要时间传播？石头击中的水面周围如何形成不同的环形水波？为什么鸟能待在空中？这些问题和其他奇怪的现象，贯穿我一生，一直在我脑海中萦绕。[5]

根据 40 多年来的有关好奇心研究，乔治·梅森大学幸福促进中心的心理学家托德·卡什丹（Todd Kashdan）和他的同事们，确定了高度好奇的人似乎具有的一些共同特征。这些特征包括愿意接受和控制与新奇事物相关的焦虑；愿意承受身体上、社会上和经济上的风险来获取新的经验；有兴趣观察他人，了解他们的想法和行为；填补知识空白的驱动力；以及一种处于惊奇状态的能力，并为处于这种状态而感到愉悦。[6]

如果科学家和艺术家具有强烈的好奇心，他们就更容易在自己的领域取得成功，这一点我们不难看出。心理学家发现，好奇心还能从很多方面提高我们的生活质量。据卡什丹的说法：

> 心理学家对好奇心的诸多益处进行了大量研究。好奇心能增强智力。在一项研究中，3 岁至 11 岁中那些好奇心很强的孩子，在智力测试中的得分比那些最不好奇的孩子高出 12 分。好奇心能增强毅力和勇气。研究表明，单单描述你感到好奇的一天，就能比叙述一段十分快乐的时光增加 20% 的身心活力。好奇心驱使我们更深入地参与，有更出色的表现和设立更有意义的目标。那些在第一节课上感到更加好奇的心理学学生，会更享受讲座，而他们的期末成绩也更高，因此他们会选修更多该学科的课程。[7]

在《好奇心的商业案例》（*The Business Case for Curiosity*）一书中，心理学家弗朗西斯卡·吉诺（Francesca Gino）提出证据表明，好奇心为团队、领导和员工带来了广泛的好处。例如，在好奇的状态下，我们不太容易受到证实性偏见（寻找能证实我们信念的信息，而回避表明我们犯了错的证据）和刻板印象（做出诸如女性或有色人种不能成为优秀领导者之类的归纳）的影响。相反，好奇心引导我们去寻找别样的答案。

根据吉诺的研究，员工更高水平的好奇心会在工作中带来更多创新，减少群体的内部冲突（好奇心会鼓励团队成员换位思考，对彼此的想法感兴趣），带来更开放的沟通氛围和更好的团队绩效（好奇心更强的团队会更公开地分享信息、更仔细地倾听）。心理学家发现，好奇心的影响还会延伸到更高的管理层面。例如，高管猎头公司亿康先达（Egon Zehnder）发现，好奇心是该公司衡量领导能力的最佳预测因素；这些能力包括战略导向、协作和影响、团队领导能力、变革领导能力和市场理解能力。[8]

基于在学校学习数学的经验，许多人都认为数学是一门刻板、枯燥的学科，它会扼杀好奇心，没有给创造力留下足够的空间。但实际上，数学的进步是由非凡的想象力推动的。数学是培养所有年龄段学习者好奇心的理想工具。

人类似乎已经进化到喜欢解决谜题和提出问题。60年前，谜题的伟大创造者和编纂者亨利·E. 杜德尼（Henry E.

Dudeney）注意到，在不同的文化和历史时期，一种与生俱来的"提出谜题的好奇倾向"总会以不同的形式表现出来。

在世界各地，有数以百万计的人花费无数时间创造和解决谜题，从填字游戏到数独谜题，再到桌游和纸牌游戏。这种提出问题并解决问题的"好奇倾向"并不是我们人类独有的。正如心理学家弗兰克·杜蒙（Frank Dumont）所指出的，猴子会花时间解决看似没有奖励的谜题（比如迷宫），"只是为了好玩。"[9]

毫无疑问，一部分解开谜题或解决问题带来的乐趣，来自征服谜题时的掌控感。但要解决一个谜题，你必须综合或组合线索中的信息，以创造新的信息或产生新的想法。从心理学到进化生物学的广泛研究表明，这个过程本身也是解决谜题的奖励。[10]人类和其他灵长类动物似乎被非常原始的动力驱使，去寻找新的信息和减少不确定性。例如，研究表明，幼儿会通过组织游戏来获取新信息并建立因果关系。当给猴子提供两种不同方式来获取相同奖励时（在一种情况下，它们会接收到即将获得的奖励大小的信息，而在另一种情况下则不会），它们始终会选择那个能给它们提供最多信息的选项。[11]

我们在日常生活中遇到的大多数难题都不适合培养我们天然的好奇心。它们的设计并不是为了把我们的注意力吸引到解决问题需要看到的结构上。而且许多谜题都需要很多特定领域的知识或专长，普通人无法解决。就我个人而言，我就害怕尝试出现在《环球邮报》（*Globe and Mail*）或《纽约时报》（*New*

York Times）等报纸上的纵横字谜。人们往往失去了儿时的好奇精神，这是因为在学校和生活中，我们被要求处理了太多自己尚未准备好解决的问题。但在数学中不需要这样。在数学中，创造出架构良好的挑战序列是比较容易的，它能让人们体验到发现的乐趣。人们可以通过解决问题来增强自己的好奇心与坚持不懈的能力。

高级数独谜题具有挑战性，但设计一个新手喜欢的版本，并为他们提供学习玩完整游戏的路径并不难。数独游戏由 9 个 3 乘 3 的网格组成，这些网格部分已填有一位数（不包括零），如下图所示。拼图的目标是把缺失的数字填上，让每一个 3 乘 3 的网格，以及大网格的每一行和每一列，都包含从 1 到 9 的每一个数字。

下面是一道典型的数独谜题：

5	3			7				
6			1	9	5			
	9	8					6	
8				6				3
4			8		3			1
7				2				6
	6					2	8	
			4	1	9			5
				8			7	9

还有一种方法，可以让游戏变得简单一些同时又不失其基本特性，就是使用 2×2 的网格（如下图所示），并要求每个网格、每一行、每一列中只包含 1 到 4 这些数字。

1			4
4	3	2	
	4	1	3
3		4	

	4	2	
2			4
4			1
	3	4	

	4		3
1			
	2		

		4	
3			
	2		2

（一些 2×2 谜题）

为了帮助新手理解数独游戏的规则，并让他们发展出解决数独难题所需的基本策略，老师（或家长）还可以设计一系列练习，让所填的数字引导学习者的注意力，从而去关注谜题的关键特征。

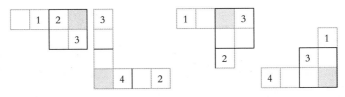

（一些可以帮助学生学习玩数独的练习例子。）

当然，这种教学方法并不仅仅适用于孤立的谜题。所有的数学概念都可以通过结构化探究来教授。在任何领域中，能够产生创造性解决方案的有效策略（包括类比和抽象的使用）都可以通过数学学习。

类比的力量

产生新想法最有力的方法之一（流行文学中关于天才和天赋的讨论很少）是类比法。过去两百年来，物理学和数学中许多重要概念上的进步，都受到了类比的启发。

如果你曾经在磁铁周围撒过铁屑，你就会发现铁屑神秘地沿着弯曲的弧线排列，将磁铁一端与另一端连接起来。物理学家迈克尔·法拉第（Michael Faraday）的实验为现代电磁学理论奠定了基础，他把这些弧称为"力线"。他相信这些线在空间中到处都是，电磁力较弱的空间区域包含的线就更少。

在那个时代，许多物理学家对法拉第这个想法持怀疑态度。他们倾向于把空间想象成真空，并且相信带电物体可以在没有任何物理介质介入的情况下在一定距离内相互作用。他们声称法拉第没有资格发展电磁学理论，因为他没有足够的数学知识。但一位擅长数学的物理学家詹姆斯·克拉克·麦克斯韦（James Clerk Maxwell），能够给法拉第的想法提供一个适当的理论基础。他找到了一个类比，让他能够利用物理学另一个分支的思想来说明法拉第的理论是有用的。麦克斯韦的传记作家，刘易斯·坎贝尔（Lewis Campbell）和威廉·加内特（William

Garnett）解释道："借用河中的水流为例，麦克斯韦指出，水的流线或水流颗粒走过的路径，类似于电磁力线，而水流的速度类似于电磁力的强度。"[12]

将法拉第的力线重新想象为由一组无穷小的引导电磁力的管线，就像河中的流水一样，麦克斯韦便能够使用已有的描述流体行为的数学，推导出所有控制磁性和电流的关键方程。他还指出光是由在空间中波动的电磁波组成的（另一个比喻），从而确定了光速。这些类比的重要性怎么强调都不过分。正如物理学家理查德·费曼所说："从世界历史的长远角度来看——比如从现在起一万年内——19 世纪最重大的事件将被认定为麦克斯韦发现电磁学定律，这毫无疑问。"[13]

广义相对论也是从类比中诞生的。有一天，爱因斯坦在苦苦思索，如何用他的狭义相对论（该理论解释了世界在没有万有引力的情况下是如何运行的）解释万有引力，他注意到对街的建筑物上正在修理屋顶的工人。想到有一个工人可能会掉下去，他暂时分心了，但接着他有了一个他称之为一生中最快乐的想法。

爱因斯坦想知道，如果一个人恰好被封闭在没有窗户的盒子里，垂直坠落到地球表面，这个人是否能够知道他是因为重力的影响而坠落。爱因斯坦意识到，这个人会体验到一种失重的感觉，就像一个人被限制在一个没有引力场的空间区域中的静止盒子里一样。这两个观测者都无法分辨他们是在外太空中静止不动，还是在重力作用下加速"自由落体"。同样，如果一个人感觉到自己的脚压在箱子的地板上，他也无法辨别这个箱子是在一个没有引力场的空间区域中向上加速，还是静止在引力场中。这种不同空间区域盒子之间的对比，帮助爱因斯坦洞察到该怎样在相对论中谈论引力。

爱因斯坦用了一个不同的类比（他想象一束光由微小的能量包组成）来证明麦克斯韦的光波图像是不完整的。这些光包最终被命名为光子，爱因斯坦的类比为量子力学理论和光既可以像粒子又可以像波的奇异想法奠定了基础。

奠定大部分现代物理学基础的一个数学突破也是基于类比。在数学中，人类（主要）通过与世界的互动而发现的数字被称为"实数"。分数和整数都是实数的例子。在实数系统中，取负数的平方根是没有意义的，因为当你用一个实数乘以它自己（不管它的符号是正数还是负数），结果总是一个正数。但在文艺复兴时期，数学家们发现，如果他们允许自己取负数的平方根，就能解出用其他任何方法都难以解出的方程。他们把带有负平方根的表达式称为"虚数"或"复数"，因为即使它们没有有形的等价物，却仍然可以像实数一样被运算操作。

此时，你可能会想，为什么数学家会选择把在实数系统中没有任何意义的表达式称为"数字"。为什么这个名称是这些奇怪实体的正确名称呢？这有着深刻的理由。在发展复数概念的过程中，数学家们创造了一个惊人而有力的类比，这个类比改变了我们对什么是数字的理解。

为理解为什么虚数应该被称为数字，我们来考虑一些所有数字都具有的基本特性。在第 2 章中，我们提到了一组古希腊发现的公理，从这些公理可以推导出许多几何知识。19 世纪，数学家们开始寻找一套公理，可以为数论提供类似的基础。很快，他们发现了一系列简单的性质，从这些性质可以推导出所有其他的数字性质。其中一个性质叫作加法的"交换性质"。如果你把两个实数相加，不管这些数的书写顺序如何，你都会得到相同的答案：3+4 等于 4+3。当你把它们相乘的时候，它们也是可交换的。定义实数的性质就这么简单。

在 19 世纪中期，爱尔兰数学家威廉·汉密尔顿（William Hamilton）提出了一种看待复数的方法，这种方法使得复数与实数的相似之处一目了然。他放弃了负平方根的使用，并说每个复数都应该用一对有序的数字来表示，其写法与网格坐标的写法相同。在汉密尔顿的符记中，复数写成（1，5）和（2，3）这个样子。汉密尔顿还定义了一种将这些数字相加和相乘的方法。要将一对复数相加，只需将第一个位置的数字相加，再将第二个位置的数字相加即可。比如下面的例子：

$$（1，5）+（2，3）$$
$$=（1+2，5+3）$$
$$=（3，8）$$

复数相乘的法则不像加法法则这样简单：它需要将首位数字与第二个数字以某种复杂的方式混合，具体规则请查看附录。

（1, 5）+（2, 3）

=（−13, 13）

很容易看出，正如实数一般，复数加法也能交换。

（1, 5）+（2, 3）

=（1+2, 5+3）

=（2+1, 3+5）

=（2, 3）+（1, 5）

在上面的表达式中，第一个等号根据复数加法的定义而成立；第二个等号成立，是因为普通数字在加法下可交换；第三个等号根据复数加法的定义成立。在附录中，你可以看到为什么复数也可以在乘法下交换。

证明复数满足实数具备的所有基本性质非常容易。因为从代数方面来说，复数和实数是不可区分的，我们可以用它们达到同样的目的。例如，可以用复数来做微积分。但是当我们在微积分中使用复数时，神奇的事情发生了。许多计算和证明如果用普通数字来做是非常困难的，但当我们用复数时，它就变成了小菜一碟。

我们在现实世界体验的数字，实数，是复数的子集。或者更准确地说，实数就是在第二个位置上是零的复数。例如，数字 3 和 4 只是在用不同的符号表示（3，0）和（4，0）。当我们将（3，0）和（4，0）相加，我们就会得到（7，0），也就是 7。通常情况下，一对复数的第一位置和第二位置的数字在相乘时会混在一起，但当两个复数的第二位置都是零时，就不会发生这种情况。当我们用复数乘法的规则将（3，0）和（4，0）相乘，我们就会得到（12，0）即 12。实数实际上是二维数字系统的一维切片或子集。

复数使现代物理学中的许多计算成为可能，但这并不是它们真正具有魔力的原因。虽然我们在生活中从未遇到过复数，但宇宙的运行实际上是由复数而不是实数控制的。例如，如果你试图预测电子流在磁场中的行为，只有使用复数计算概率时，你的预测才会准确。

当我想到构成宇宙设计基础的数字不是通过经验或实验发现的，而是通过纯粹的思考被发现的，我总是会感到敬畏。通过类比推理，数学家们将数字的概念扩展到一类我们从未直接体验过的抽象实体上，这些实体又是构成所有现实的基础。对我来说，这是人类智慧最杰出的例子之一。

为了进一步发掘人类创造力的潜能，我认为我们需要从两方面揭开智力才能这个概念的神秘面纱。首先，让我们放弃这样的想法，即一般人不能理解数学和科学中最深刻与最美丽的想法。现在，物理专业的本科生对相对论某些方面的理解比爱因斯坦当时更深刻。我在这本书中讨论的研究表明，几乎每个人都可以学习本科物理课程所需的数学。

爱因斯坦的天才并不在于拥有其他人无法企及的想法。他是个天才，因为他发现了那些想法。但是，即使我们清楚了这一点，我们仍然需要进一步揭开天才这个概念的神秘面纱。让我们也放弃一般人无法做出有趣或有用发现的想法。当然，期望每个人都做出我们在本章中探讨的那种改变世界的发现是不合理的。但认知科学的研究表明，即使是最高级形式的推理，包括类比的使用，都可以通过训练和实践来学习。

不幸的是，研究还表明，除非接受过训练，否则人们并非天生就擅长看到或使用类比。这就是为什么像爱因斯坦这样的天才如此罕见。1980 年，心理学家玛丽·吉克（Mary Gick）和基思·霍约克（Keith Holyoak）进行了一个经典的实验，揭示出人们经常会忽略一个问题的解决方案，即使包含解决方案的类比就在他们眼前。[14]

在实验中，研究人员要求参与者尝试解决下面的问题，这个问题基于一个真实的医疗场景：一个病人有一个无法动手术的肿瘤。幸运的是，医生们有可以摧毁肿瘤的射线。不幸的是，射线也会破坏健康的组织，而如果给的剂量太低，又不足以破坏肿瘤。

在给出这个问题之前，有些参与者已经读到下面这个故事：

> 一个小国被一个住在坚固堡垒里的独裁者统治着。堡垒位于国家中央，周围是农场和村庄。有许多条路穿过乡村通向堡垒。一名反抗军的将军发誓要占领堡垒。将军知道，一旦他的全部军队发动进攻就可以攻下这个堡垒。他把他的军队集结在其中一条道路前，准备发动全面的直接攻击。然而，将军随后得知，独裁者在每条道路上都埋了地雷。地雷的设置可以让一小群人安全通过，因为独裁者需要让自己的军队和工人进出要塞，但是，任何大型部队通过都会引爆地雷。这不仅会炸毁道路，而且还会摧毁邻近的许多村庄。因此，攻占堡垒似乎是不可能的。然而，将军设计了一个简单的计划。他把他的军队分成小分队，把每支小队派往不同的路口。一切准备就绪，他发出信号，每支队伍都沿着不同的道路向堡垒前进，结果整个军队在同一时间到达堡垒。就这样，将军占领了堡垒，推翻了独裁者。

即使故事中包含了问题的解决方案——以类比的方式表达，在读过这个故事的参试者中，也只有 30% 的人能够解决上面的肿瘤问题。然而，当提示了参与者故事可以帮助他们解决问题时（但没有明确提到类比），成功率就超过了90%。几乎所有得到提示的参与者都看出，医生可以同时从多个方向用小剂量的辐射照射肿瘤，从而摧毁肿瘤。这个结果（被引导进行比拟的学生的表现显著优于没有得到引导的学生）已经在许多领域的多项研究中得以证明。

德勒·根特纳（Dedre Gentner）是研究类比推理的先驱之一，他认为类比是知识从一个领域（心理学家称之为"源"）映射到另一个领域（称为"目标"）的过程。在一个类比中，在两个域中扮演类似角色的对象相互映射。匹配物不必彼此相似，只要它们在各自的域中执行相似的功能即可。[15]

类比是解决问题的有力工具，因为它们揭示了两个领域之间的结构关系，而这种关系与体现这些关系的对象无关。科学家经常通过类比将知识从一个领域应用到另一个领域，即使这两个领域的研究对象没什么明确的共同点。老师也经常用类比法来帮助学生理解新概念。

如根特纳解释的这样，教师可以将原子与太阳系进行类比从而帮助学生理解原子：

> 在这个例子中，太阳系代表学生已经熟悉的一个领域（源），原子表示学生正在学习的领域（目标）。要理解这种类比并从中有所学习，就需要学生超越源和目标之间的表面差异，注意到领域之间潜在的、共享的关系结构——在

这个案例中，指的是行星以类似电子围绕原子核运行的方式围绕太阳运行的事实。[16]

儿童和成人都很难使用类比来解决问题，因为他们往往很难看到两个领域之间的共享结构，或者很难将源中的对象与目标中的对象相匹配，特别是当他们被两个域中对象的表面特性误导的时候。例如，幼儿倾向于过度关注看起来相似的物体，而不管它们在源和目标中扮演什么角色。在一个实验中，给 4 岁的孩子们两张卡片，每张卡片上分别有一个大的和一个小的物体。然后他们得到两张新卡片，一张上面是原始卡片上的两个大物体，另一张卡片上是一个大物体和一个小物体，它们与原始卡片上的物体形状都不同。当被问及哪张卡片与原始的两张卡片匹配时，孩子们几乎总是选择有两个大物体的卡片，而不是表现出大与小关系的新卡片。

在过去的 20 年里，心理学家发现了各种各样的有效方法来帮助人们更好地看出类比。例如，研究表明，在提出问题之前，要求学习者先描述两个类比情境之间的相似性，会使他们在知识迁移的任务中表现更好。在一项研究中，根特纳和她的同事发现："将谈判策略迁移到类似谈判测试中的可能性，对比两种谈判场景的商学院学生比分别研究两种场景的学生要高两倍多。"

这一结果在许多领域都得到反复证明。其他研究表明，类比推理会因视觉线索而增强。有效的方法包括：同时显示源和目标的表征，而不是按顺序显示；突出显示源和目标的对应元素；使用手势。

里奇兰德（Richland）和麦克多诺（McDonough）提供了一个例子来说明，即给大学生提供包含视觉暗示的排列与组合问题，比如在问题之间来回打手势，并保持例题的完整视图，而对照组则没有视觉暗示。得到视觉提示的学生会更有可能在知识迁移的难题上获得成功。[17]

研究还表明，学生从构建良好、内容差异有限的比较任务中获益最大。例如，当学生们被要求比较一个代数问题的正确答案和错误答案时，如果例子中除了一个关键的区别其他都相似，那么他们学习效率就会达到最高。在《课堂上的类比推理：来自认知科学的洞见》（"Analogical Reasoning in the Classroom"）中，心理学家迈克尔·文德迪（Michael Vendetti）和他的同事提出了多种额外的策略，教师可以使用这些策略来帮助学习者更好地看到和使用类比。[18]

研究人员已经指出，学生可以通过训练来显著提高他们在各种类比问题上的表现，包括在重大的成绩测试（比如进入美国大学需要参加的 SAT 考试）或智力测试中出现的问题类型。被引导进行比较的学习者，在解决问题的能力上显示出巨大的进步，这表明类比推理本身并不难，而是更多地依赖于学习者的背景知识和思维习惯。

由于我所受的文学训练，我习惯性地寻找相似点或类比，即便是在看似不同或毫不相关的领域。例如，比较两个看起来非常相似的方程，它们来自不同的数学分支——一个来自我读博士时研究的领域，另一个来自我在图书馆书架上随机挑选的一本书——这使我做出了在数学上的第一个发现。我还使用了从哲学家维特根斯坦（Wittgenstein）那里学来的问问题的方法：追问一个特定的概念是必然的，还是历史或文化的偶然结果。它帮助我看到隐藏在思想中的结构、关系和预设。我相信数学家和科学家可以从艺术训练中受益（反之亦然），因为那些能在各种领域看到类比的人，可能对不可见的结构关系和隐藏的相似性更加敏感。

抽象的力量

数学中的大多数类比都涉及某种形式的抽象。在第 2 章中，我指出，数学在过去 200 年里取得的许多进步，都是因为数学家们学会了越来越抽象地看待熟悉的数学实体，比如数字和形状。数学上最难以置信的进步之一是由一个问题激发的，这是一封 1854 年写给英国文学杂志的信，信的作者——我们只能辨认出其名字的首字母是 F. G.，这个人问道：是否有一个最小数量的颜色数可以为任何地图上色，使得地图上不管有多少国家或它们如何排列，只要两个有共同边界的国家，颜色就不相同。虽然这个问题听起来微不足道，但却难以回答。大多数学家认为，四种颜色足以给任何地图上色，但是，就像欧几里得的第五公理一样，这个猜想引发了许多错误的证明。1976 年，两位数学家，肯尼斯·阿佩尔（Kenneth Appel）和沃尔夫冈·哈肯（Wolfgang Haken），最终证明了这个猜想是正确的。他们的论文有一千多页长，部分证明非常复杂，只有用电脑才能检验。

在 F. G. 的问题发表后不久，数学家们看到了一个数学中的已知结构（但直到那时还没有被证明是非常有用的）可以用来表示地图。这种被称为"图形"的表示形式比地图更抽象，因为它有效地排除了与着色问题无关的任何地图特征——例如，特定区域的大小或边界的轮廓。

在纯数学中，图没有经济表现图那么复杂。就像你可能从新闻中经常看到的那种，经济学家用来表示供给和需求的图表有水平和垂直的轴、线，代表不同的数量，而纯数学中的图只是一些点及连接这些点的线的集合。下图右边的图形就是一个纯数学中的图。其中的点称为"顶点"，顶点之间的线称为"边"。在这个例子里，图的顶点用颜色标记（R 表示红色，G表示绿色，等等），因为该图是用来表示左侧的地图的；通常一个图的顶点是不被标记的。

如果你想体验一下自己发现一个数学类比是什么感觉，你可以试着找出图中顶点（目标）代表地图中的什么元素（源），图中的边又代表地图中的什么关系。在你继续阅读之前，试试吧。

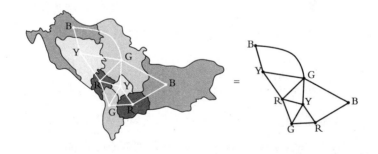

当你比较这两幅图像时，我希望你能看到，图中的一个顶点就代表地图上的一个国家。当且仅当顶点所表示的两个国家共享一条边界时，两个顶点由一条边相连。上图则在地图上叠加了抽象图，以便清楚地显示源和目标之间的关联。在表征地图的图上，着色问题可以归结为需要多少种颜色来为图的顶点着色，以使被边连接的两个顶点颜色不同。

四色问题是一个特别好的例子，说明了数学不可思议的有效性。为解决这个问题，数学家们提出了大量的概念，这些概念在商业和科学的各个领域都有应用。因为图是如此抽象，几乎可以表征任何东西，包括航空公司的调度问题（顶点代表城市和边代表城市之间的航线），社交网络（其中顶点代表人，边显示哪些人是朋友），一个计算机电路（顶点代表逻辑门，边是线路），或神经网络（顶点是神经元，边表示神经元之间的化学通道）。图甚至可以用来表示抽象代数或"群"（边表示代数元素之间的乘法关系），而物理学家用群论来帮助发现自然界的基本粒子。在 20 世纪 70 年代，计算机科学家斯蒂芬·库克（Stephen Cook）、列昂尼德·莱文（Leonid Levin）和理查德·卡普（Richard Karp）证明了计算机科学中一类重要问题——在商业实践中，当有人想要找到最有效的方法来调度进程或加密数据时，该类问题便经常出现——而所有这些都可以归结为给图上色的问题。如果有人能找到一种方法快速地给随机图着色，那么世界上所有的银行代码都可能被破解。

在数学中，像图这样的抽象心理表征是发现和解决问题的有力工具。掌握了这些表征的学生可以轻而易举地解决大多数问题，有些问题甚至可能看起来没有关联。例如，一个简单的可视化工具可以帮助学生解决下面的竞赛级别的题目：

如果每一列数字延伸下去，218 将出现在哪一列中？

A	B	C	D
4	6	8	10
7	10	13	16
10	14	18	22
13	18	23	28
…	…	…	…

学生们通常会发现这道题比我在第 4 章中给出的字母题更有挑战性（除非他们有很多时间，简单粗暴地写出每个序列的项，直到他们找到答案）。但是一个专业的问题解决者可以使用心理表征在几秒钟内解决问题。

如果你仔细观察这个问题，就会注意到每一列的数字序列总是以固定的数量递增。这种每一项都是由前一项加上或减去一个固定的数字产生的序列，在数学中随处可见，你可能还记得高中时的函数表，里面就包括它，就像下面的这个：

X	Y
1	7
2	10
3	13
4	16

在初高中阶段，学生通常学习运用公式来解决涉及数列的问题。但即使能正确使用这些公式，许多学生也不明白为什么

这些公式行之有效。例如，他们不会推导公式或在新的情况下（在所学过的条件之外）应用它们。然而，当我教学生在数轴上将数列可视化时，我发现他们往往能够自己推导公式，甚至不用公式就能解题。

数轴是解决问题的有力工具，因为（像图一样）数轴是抽象的。虽然数轴在我们的社会中随处可见（例如足球场上的网格线），但它是文化的产物。没有人在自然界中遇到过数轴。在最近的研究中，人类学家让原始部落的成员在数轴上放置数字，他们发现这些部落的人会用相等的间距放置非常小的数字，但却会把更大的数字挤得更近。尽管上面提出的问题是这样的——如果每一列都被扩展，数字 218 会出现在哪一列？——这可能看起来和数轴没有任何联系，但能在数轴上想象数列的学生，可以解决类似这样的问题而无须做任何代数运算。

A 列中的数字（4，7，10，13…）每次增加 3。如果我把数字 3 重复地和它自身相加，我就得到了另一个数列（3，6，9，12…），如果你知道乘法表的话，你应该能认出这个数列。这些数字被称为 3 的"倍数"，是每次加 3 后生成的数字。（注意：零也是 3 的倍数，为避免赘述，我将数字 3 称为"3 的第一个倍数"，而非准确的说法"3 的第一个非零倍数"。）

如果你把 3 的倍数和序列 A 中的数字画在同一数轴上，你可以看到这两个序列是相邻的，如下图所示。3 的第一个倍数与序列 A 中的第一个元素的距离是固定的（相差 1），3 的第二个倍数与序列 A 中的第 2 个元素的距离不变（仍然相差 1），以此类推。

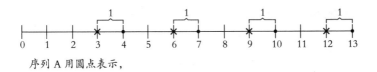

序列 A 用圆点表示，

3 的倍数用 X 表示。

两个数列的对应项始终相差 1。

　　如果我让你求出数列 A 第 50 项的值，你可能需要写出数列的前 50 项来回答我的问题。但如果我让你告诉我，3 的第 50 倍的值，你可以通过简单地用 3 乘以 50（等于 150）得到答案。3 的倍数远比序列 A 更容易处理，由于两个序列是相关的，我可以用 3 的倍数来解答数列 A 的问题。数列 A 中的每一项都比 3 的倍数序列中的对应项大 1。所以我知道序列 A 的第 50 项比 3 的 50 倍大 1。因此序列 A 的第 50 项是 150 + 1，即 151。类似地，比如，序列 A 的第 11 项将是 $3 \times 11 + 1 = 34$。

　　将除法在数轴上可视化也很容易。考虑序列 A 中的数字 13。解答 "13 除以 3 等于多少？" 的方法之一，就是问 "我需要在数轴上走多少步 3 才能到达 13？" 我希望你能看出，你需要以步长 3 走 4 步到达 12，这是 13 之前 3 的最大倍数。但是你还需要多走一步以到达 13。这意味着 13 除以 3 等于 4（长

度为 3 的 4 步）且余数为 1（长度为 1 的 1 步）。使用这种形象
化的除法，你可以看到，如果你将序列 A 中的任何数字除以 3，
你都将得到余数 1，因为序列 A 中的所有项都比 3 的倍数大 1。
所以现在我知道在上面的问题中数字 218 不可能出现在 A 列，
因为当我用 218 除以 3，余数是 2。

　　我可以通过用这个办法检查每一个数列来解决这个问题。B
列中的数字（6，10，14，18…）每次增加 4。如果我把 4 的倍
数和 B 列中的数字画在数轴上，如下图所示，我可以看到 B 数
列中的每一个数都比 4 的相应倍数大 2。

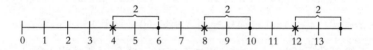

数列 B 用圆点表示，

4 的倍数用 X 表示。

两数列中的对应项始终相差 2。

　　所以我知道，当用数列 B 中的任意一项除以 4，我会得到
余数 2。反过来，我也知道，如果一个数除以 4 余数是 2，那么
这个数就会出现在序列 B 中。如果我把 218 除以 4，余数为 2。
所以现在我解决了这个问题，因为 218 会出现在 B 列中。

　　给学生时间去探索数轴上的数列，并引导他们去理解这些

关系之后，学生可以将他们发展出来的心理表征应用到更广泛的问题上。为帮助学生发展这些类型的心理表征，JUMP 制作了一些高阶问题解决课程，你可以在 JUMP Math 网站上找到它们。我们为 3 到 8 年级的课程准备了 80 节课，教授学生解决高水平问题（或研究数学！）所需的多种策略。

为帮助学生成为更有能力和创造性的问题解决者，每个学习阶段的教师都需要理解抽象在数学中扮演的角色。比起从未穿透问题表面细节的学生，那些能够使用抽象的心理表征——图和数轴——来观察领域中问题深层结构的学生，拥有巨大的优势。即使是较年幼的学习者，也能从抽象中获益。

一些教师不愿意过多指导低年级学生的学习，因为他们认为孩子们在玩"具体材料"（积木、玩具、测量仪器等）时自然会学习数学概念。但研究表明，这种观点过于简单化。虽然学生肯定会从具体的对象中受益，但他们通常需要帮助以看到具体物体中包含的数学。而且，具体材料有时会妨碍学习。在最近的一项研究中，一组学生被要求使用类似真纸币的游戏货币来解决问题，而另一组学生则使用更抽象的货币（印着数字的长方形）。[19] 使用游戏货币的那组在解决问题时犯了更多的错误。在第 3 章中，我们曾介绍过詹妮弗·卡明斯基，她的研究发现，1 年级儿童在学习分数概念时，用灰色和白色圆圈比用物体图片（例如有不同颜色花瓣的花朵）更加容易。

这些发现不仅适用于儿童，也适用于成人。在《数学学习中抽象教学的优势》(*The Advantages of Abstract Instruction in Learning Math*)中，卡明斯基和她的合著者发现，如果用抽象表征（字母）而不是具体表征（量杯）来教授一个数学概念时，那么大学生更有可能在一个新的情境中正确地应用它。

　　尽管有这些结果，关于"具体材料"功用的研究结果却是复杂的。虽然许多研究表明，具体的材料（以及"丰富的感知"表征）会妨碍学生概括概念，或将知识从一种问题类型迁移到另一种问题类型上，但其他研究发现，具体的材料可以帮助学生将数学与他们在"现实世界"的经验联系起来。（在游戏货币的研究中，拥有游戏货币的学生犯的错误更多，但其中概念性错误所占的比例更低。）大多数研究人员现在建议，教师可以用简单的具体模型或表现形式来介绍概念（避免使用带有太多能分散注意力特征的材料），并逐渐使表现形式变得更加抽象——就像我在第 4 章中对积木和袋子的处理一样。

　　在 JUMP 项目里遇到的数百名教师之中，只有少数人了解有关抽象的研究。对于教师来说，获取这类信息的重要性再怎么强调也不为过。在课堂上可以变化或控制的所有因素中（班级规模、教学技术的使用等），教师的作用超过了其他所有因素。好老师能对学生的生活产生非凡的影响。例如，赖·切提（Raj Chetty）、约翰·弗里德曼（John Friedman）和约拿·洛可夫（Jonah Rockoff）通过对比 100 多万名儿童的学区和税务记录，研究了擅长提高学生考试成绩的"高附加值"教师的长期影响。他们发现，这些教师所教的学生"更有可能上大学，挣更高的薪水，更少在青少年时期生孩子。如果用一名附加值处在平均水平的教师替换一名附加值处在底层 5% 的教师，那么这个教师的学生一生的收入将增加约 25 万美元。"[20]

我认识的几乎所有老师都想成为更好的老师，也想帮助他们的学生苗壮成长。但是，如果教师被要求使用那些会加深学术层级分化的教学方法，即便是最积极、最有动力的教师也很难实现这些目标。与其寻找替代"低附加值"教师的方法，学区应该为所有教师提供有严谨证据支持的资源和专业发展机会，来帮助教师实现更大的成就。即使教师能够在课堂上把抽象、脚手架式、变化、结构、掌握、类比和特定领域知识的研究付诸实践，也很难想象他们的生活和学生的生活将会有多大改善。在美国，有超过 50% 的教师在最初 5 年里就辞职离开了，部分原因是他们在大学和学区接受的培训没有给他们提供所需的工具以应对课堂上的挑战。学区和教育部门应该聘请了解相关研究的教练和讲师，帮助教师发挥自己的潜力，并在自己的领域出类拔萃，这才是重要的。

创造激发创造力的条件

我的一个高中学生艾伦，是一个才华横溢的少年。他也是

我带过的最难对付的学生。在数学学习上挣扎多年之后，他对
这门学科产生了厌恶，每次只要能勉强通过考试就行了。他是
一名优秀的辩手，又有一种尖酸刻薄的幽默感，所以当我说如
果他把自己的聪明才智用于学习数学，他的生活会变得更好时，
他总能机智地回应我。在一次测试中，他被问到随着方程中数
字的变化，抛物线的图形会向哪个方向移动以及移动多远。他
为每个问题都写了一篇滑稽的连载评论。在一个问题旁边，他
写道：

　　关于前者是否会改变，这一点我不知道。后者可以向
下移动到页面的底部。我猜这就是你所能要求的。真正对
这类事情感兴趣的人——我指的是数学——会被这种虚幻
的下降趋势所吸引。然而，我并不觉得它很吸引人。

在另一个问题旁边他写道：

　　第一个不做任何事情。第二个被拉长了 0.1，并上升到
一定程度，在某种数学家们多年来为它创造的不牢靠的准
现实中上升。

给艾伦上课总是让我百感交集。如果我能说服他学习数学，
我希望他能用他的聪明才智和创造力去做有趣的工作。但他的

叛逆精神给我留下了深刻的印象，我觉得他在试卷上的评论几乎抵得上他给作为老师的我带来的那些麻烦。在一个理想的教育体系中，我希望像艾伦这样的学生能够保持他们非传统的视角和独立的精神，并且仍然愿意去做那些能帮助他们发展所有才能的作业。（我想所能要求的也只有这些了。）

在流行文化中，不守规则者通常被描绘成与普通人有着截然不同性格的个体。他们是叛逆者，愿意冒极端的风险，也不在乎别人怎么看他们。但根据亚当·格兰特的说法，那些在艺术、科学、政治和商业领域从事原创工作的人，并不会比普通人更不在意规避风险，或更不在乎他人的意见。[21] 例如，对企业家的全面研究表明，那些不关心取悦他人的人成为企业家的可能性并不更高，他们的公司也并不会有更好的表现。同样的模式在政治中也一样上演。伟大的领导者能够挑战现状，推动能够改善世界的彻底变革，但这些行为与他们是否深切关心公众的认可无关。在大多数情况下，杰出的领导者都是被其时代环境推动，从而成为变革的代言人的。

根据格兰特的观点，原创性并不是固定的性格特征——它是一个自由的选择。他的研究表明，教育工作者和雇主可以在学校和工作场所创造条件，帮助人们培养更强的能动性，并做出更有抱负和更有创造性的选择。在一项实验中，格兰特和一组研究人员从谷歌公司中随机挑选了一组员工，鼓励他们更加灵活地对待自己的工作，并建议他们根据自己的技能、兴趣和价值观更好地调整自己的工作。与那些不认为自己的工作具有可塑性的员工相比，这组员工的幸福感和工作表现都有所提升。研究人员之后又在实验中加入了一项新因素，鼓励员工将自己的工作和技能都视为灵活可变的，结果上面提到的这种增益效果共持续了 6 个月。实验组的员工"获得晋升或过渡到梦想职位的可能性比其他同事高出 70%。"[22]

我们在上一章中看到的关于动机的研究表明，为学生提供外在奖励而不是内在奖励，以及使竞争成为创造的一部分，学校可以对创造力产生破坏性影响。父母在培养孩子的独立与创新精神方面也发挥着重要作用。在一项研究中，社会学家塞缪尔·奥勒纳（Samuel Oliner）和珀尔·奥勒纳（Pearl Oliner）采访了一些非犹太人，他们在大屠杀期间冒着生命危险拯救犹太人。两位研究者将这些人的成长方式，并与一群不帮助犹太人的邻居进行了比较。研究表明：他们的父母惩罚不良行为并表扬良好行为造成了两者的区别。救助者的父母明显更可能用"讲道理"来改变孩子的行为。正如奥勒纳发现的那样：

> 救助者的父母最大的不同在于，他们看重讲道理、解释、对犯错所造成的损害会提出补救的建议、使用说服和建议的方法……讲道理会传达出一种尊重的信息……这意味着，如果孩子们知道得更多或理解更多，他们就不会做出不当的行为。这是对听者的一种尊重，表明对他或她理

解、发展和提升能力的信心。[23]

一般来说，比起用刻板规则指导孩子行为的父母，讲道理和强调性格与道德原则重要性的父母，会培养出更有创造力的孩子。

我只展示了一小部分社会学家和心理学家在研究创造力时产生的见解。这项研究——连同我们之前探讨的关于刻意训练、记忆和动机的研究——给了我很多对未来的希望。现在，学校和企业都有各种各样以实证为基础的工具，可以帮助人们更有效地学习和更有创造性地思考。但这些工具对我们社会的影响仍然有限，除非我们找到方法改进基于实证的思考和决策方式。最近的心理学和神经学研究，揭示了我们巨大的智力潜能，而不幸的是，它也发现了大脑中存在的一些机制，这种机制导致人们经常忽略逻辑的基本原则，会受刻板印象和偏见的影响，会无视证据，使我们与真正的利益相悖而行。我将在下一章中解释，数学可以帮助我们超越这些机制，这样我们就可以更加理性地思考和行动，充分利用我们巨大的学习与创新潜力。

第 8 章

极其平等

Extreme Equality

我们生活在这样一个时代，即使一个数字的大小发生了非常小的变化——比如借钱的利息，或者家庭产品中某一成分的浓度——也会产生能够影响整个地球的连锁反应。在北美和欧洲销售的化妆品与肥皂，不过才刚刚进入人们的家庭，但科学家却已在北极鱼的体内发现了这些产品所含的塑料微粒。因为我们的生活越来越多地被数字控制——数字代码和算法，这些代码和算法不断追踪我们的偏好，激活我们的设备并管理我们的交易，我们再也无法对数学一无所知了。

不幸的是，大脑并没有进化到能够解决我们的数学思维所创造的问题。当我们的史前祖先面临危险情况时——例如，一只饥饿的巨狼——他们几乎没有时间去权衡所有可能的行动以逃避危险。因此，他们的大脑发展出了一系列成见和启发式思维规则，以免他们在采取行动之前耗费过多的脑力思考问题。与此同时，他们的大脑也发展出一种基本的空间感和数字感，这奇迹般地赋予了他们能够深层理解数学的能力。（回想一下第 3 章的内容，数学家在做数学题的时候会激活大脑的原始区域。）这种对空间和数字的基本理解，却足以让他们的后代创造出具有巨大破坏力的技术。这种不幸的进化悖论——我们的大脑发展出理解数学的能力，却没有使用数学（或理性）来指导我们的思考——是我们作为一个物种发展的最大障碍之一。

在这本书中，我提出人们往往严重低估自己的真正智力潜能，尤其是在数学方面。但心理学研究显示，我们也倾向于高估自己的理性程度，或高估我们使用逻辑和证据来指导自己决定的意愿。为充分发挥我们作为学习者和思考者的潜能，我们需要了解大脑固有的局限性以及它的长处。

心理学家基思·斯坦诺维奇（Keith Stanovich）花了几十年时间研究人们的思维方式，他将"理性障碍"（dysrationalia）定义为尽管拥有足够的智力，却无法理性地思考和行动。[1] 斯坦诺维奇和其他研究人员发现，即使是高智商和受过良好教育的人，也常常会陷入某种形式的理性障碍，并容易受到各种形式的认知僵化、信念坚持、确认偏误（忽视与既定信念相悖的证据）、过度自信和对一致性不敏感的影响。[2]

根据斯坦诺维奇的说法，我们都是"认知上的守财奴"，会尽量避免思考太多。[3] 在面对需要仔细考虑几种可能场景或解决方案的问题时，我们往往会过于迅速地抓住一个答案。我们天生的思维惰性解释了为什么在斯坦诺维奇的一个实验中，超过 80% 的参与者不能正确回答下面的问题：[4]

杰克看着安妮，但安妮在看乔治。杰克结婚了，但乔治没有。一个已婚的人在看一个未婚的人吗？

是　否　无法确定

由于问题没有告诉我们安妮是否结婚，大多数人会立即得出结论，认为答案是"无法确定"。但是如果你考虑所有的可能性，你会发现答案是肯定的。如果安妮结婚了，那么一个已婚的人（安妮）正在看着一个未婚的人（乔治）。如果安妮未婚，那么一个已婚的人（杰克）正在看一个未婚的人（安妮），答案仍然是这样的。

我刚才描述的问题，即确定一个已婚的人是否在看一个未婚的人，是高度人为假设的，它并不代表我们在日常生活中会遇到的情况。因此，人们解决这个问题时遇到的困难，似乎没有什么实际影响。但心理学家发现，人们在现实生活中试图解决类似问题时所犯的错误，会对我们的生活质量和社会健康产生深远的影响。

作为规范我们社会的法律和制度的基础，传统的政治和经济理论假定人们通常是理性的，这种想法通常是合理的。但在 20 世纪 70 年代，诺贝尔奖得主丹尼尔·卡尼曼（Daniel Kahneman）和他的同事阿莫斯·特沃斯基（Amos Tversky）通过一系列实验推翻了这一观点。这些实验发现，当人们做涉及不确定性或风险的决定时，持续存在的认知陷阱往往会导致人们做出不理智的行为，违背他们自己的利益。

在《思考，快与慢》（*Thinking, Fast and Slow*）一书中，卡尼曼用两种不同的方式陈述一个赌注，由此来展示其中一个思维陷阱——他称之为"框架效应"（framing effect）：

你愿意接受一个有 10% 的几率赢到 95 美元且有 90% 几率输掉 5 美元的赌约吗？

你愿意花 5 美元买一张有 10% 几率赢得 100 美元且有 90% 几率什么也得不到的彩票吗？

根据卡尼曼的说法，人们更倾向于接受第二种方案——虽然其实二者是相同的——因为相比于为获得奖励而支付成本的想法，"输掉"多少钱的想法会引发更强烈的负面感觉。[5]

即便是受过高等教育的专业人士，也会被关于风险或回报的信息呈现的方式影响。在一项研究中，特沃斯基请医生们说明他们是否会考虑进行一种特殊类型的手术，这种手术对术后存活的患者有显著的长期益处。如果以生存率（90%的生存率）而不是死亡率（10%的死亡率）来描述这项手术的风险，那么医生选择进行治疗的可能性就会大得多。[6]

卡尼曼和特沃斯基还发现，人们在评估陈述的真实性时，往往会忽视基本的逻辑或概率法则，尤其是当他们被自己的偏见或刻板印象误导时。在一项研究中，他们要求受试者阅读以下关于一个虚构人物的故事：

> 琳达今年31岁，单身，直言不讳，非常聪明。她曾主修哲学，作为一名学生，她非常关注社会公正问题，也参加过反核示威活动。

在读过该故事之后，参与者被问到以下几个简单的问题：

> 哪个选项更有可能？
> 琳达是一位银行柜员。
> 琳达是一位银行柜员，并活跃于女权运动中。

很多人认为琳达是银行出纳员及女权主义者的可能性更大，这让卡纳曼感到惊讶。如果琳达是银行出纳又是女权主义者，那么显然，她一定是银行出纳。但如果她是一位银行出纳，却不一定是女权主义者。所以，她只是一位银行出纳的可能性更高。正如卡尼曼回忆道：

> 与逻辑相反，在几所主要大学中，约 85% 至 90% 的本科生选择了第二个选项。值得注意的是，这些罪人似乎毫无羞耻之心。当我有些愤慨地问我本科生班上的一大群学生："你意识到你违反了一条基本的逻辑规则了吗？"某个坐在后排的人喊道："那又怎样？"一名犯了同样错误的研究生解释说："我以为你只是在问我的意见。"[7]

在这项琳达实验之后，许多研究已经证实，人们常常难以评估概率和风险，因为他们不理解概率的基本规则，不会努力持续应用这些规则，或者被刻板印象和偏见误导。另外，当人们评估问题的相对重要性时，他们倾向于将更容易从记忆中浮现的问题视为更重要的事。而且，如果一个人相信一个陈述是正确的，他们也很可能相信支持这个陈述的论点，即使这些论点是站不住脚的。[8]

20 世纪 40 年代，在警告核战争的危险时，爱因斯坦写道："技术释放的力量已经改变了一切，除了我们的思维模式，因此我们正滑向前所未有的灾难。"随着全球变暖的加速、人工智能的崛起、种族主义和仇外情绪的复苏，以及通过电子媒体进行各种形式的社会操纵和控制的扩散，爱因斯坦对改变我们思维方式的呼吁比以往任何时候都更有意义。

根据《卫报》(*Guardian*)，像剑桥分析这样的公司（他们曾利用从脸书不当获取的数据影响 2016 年的美国大选），正在投入大量资金研究"心理战"或"心理操纵"，并且已经开始发展出颇为有效的方法，即"通过信息优势"改变人们的思想，利用谣言、虚假信息和假新闻等一整套技术。[9]

最近的政治事件显示，贫困劳动者的愤怒日益增长和对知识精英主义的普遍反对，都有可能威胁到我们社会的包容性和繁荣度。我相信，这种痛苦在很大程度上可以追溯到人们从入学那天起就开始形成的一种挫败感和习得性无助感。孩子们天生具有无限的创造力、洞察力和好奇心，但当他们发现父母和老师坚持要他们学习的各种学科——因为这些学科对他们的未来至关重要——超出了他们的掌握范围时，他们就会逐渐失去这些天生的心智素质。当人们变得不怎么好奇，并对自己理解数学和科学的能力不自信时，他们也会变得不乐于接受新观点，更容易相信错误的主张。

我们都被大脑不可靠的启发式思维、非理性偏见和思维捷径影响着，我们在日常生活中也容易犯数学和逻辑上的错误。当下的世界状况只是放大了这些弱点和后果。这就是让每个人都有机会实现他们的全部智力潜能尤为重要的原因。在我们都学会更清晰地思考、更仔细地权衡证据之前，我们永远无法摆脱那些在政治和公共话语中司空见惯的混乱与破坏性辩论。如果没有必要的概念工具来评估我们所消费商品的实际成本或价值，以及生产这些商品所涉及的风险，我们的经济将永远无法正常运转。

一个简单的命题

在媒体甚至学术出版物中找到数学错误并不难。例如，在2010 年，福克斯新闻播出一张饼状图，分为三个部分，代表美国选民支持不同共和党候选人的比例：70% 支持萨拉·佩林（Sarah Palin），63% 支持麦克·哈克比（Mike Huckabee）和60% 支持米特·罗姆尼（Mitt Romney）。[10] 这些数字加起来超过了 100%。一些选民可能支持不止一位候选人，但这些数据无法显示在饼状图上；饼图的这三个部分显示了互斥的可能性。

关于金融或管理的报道通常涉及数字，因此你会期望商业文章的作者（和编辑）了解基本的数学知识。但情况并非总是如此。2008 年，《管理发展杂志》（*Journal of Management Development*）声称，一家公司实施了一种处理客户投诉的新方法，之后投诉数量减少了 200%。[11] 这个数字似乎有点高：一旦减少达到 100%，就没有投诉了。

尽管这些数学错误相对无害，但它们指出了一个在媒体中很少被谈及的更深层次的问题——可能是因为许多媒体人的计算能力较低。我们在政治和商业上做出的大多数决定，或明确或隐性地涉及数字和某种数学。而如此多的北美成年人无法发现初级的数学错误，并基于有缺陷的启发式思维和情绪触发而做出草率的决定，这种情况应该引起我们的忧虑，尤其是当一个国家正在考虑一项预算的经济影响、一项法律的环境影响或某项规定的社会影响时。正如我在第 2 章中所说的，如果每个人都对简单的代数、分数、比率、百分比、概率和统计有基本的了解，我相信我们将拥有一个更加公平、文明和繁荣的社会。我也相信，几乎任何成年人都能在几周内掌握这些基础知识。如果人们必须在投票之前证明自己具备这些知识，那么我们的政治辩论将会产生难以想象的变化。

当然，了解基本的数学知识并不能保证一个人做出理性或道德的决定，但它确实有帮助。如果你已经学会了解决简单的数学问题，你会本能地考虑斯坦诺维奇提到的婚姻问题中的所有可能情况，因为你知道，你只能通过检索每一个可能性来找到正确的解决方案，或构建无懈可击的证明。如果你能做简单的计算，你马上就会发现卡尼曼描述的两种赌注是一样的。如果你学会了冷静地思考涉及概率和逻辑的问题，你就不太可能被刻板印象和框架误导。如果你对自己的数学能力有信心，你就会努力思考社会面临的许多微妙但重要的问题。在与各个年龄段学生合作的过程中，我发现那些在数学方面取得持续成功的人，通常会沉浸在奋力迎接智力挑战的快感中。

统计是人们难以理解数字的一个领域。每天我们都被新药或节食法的广告淹没，这些广告让我们相信它们会产生积极的效果，但我们不知道是否应该相信这些说法。幸运的是，统计学家已经开发出一种测试方法，可以指导我们去评估解决方案的有效性。让我们来看这样一个例子，一个完全人为假设的案例。

假设（出于某种原因）你有一个装有数千颗弹珠的箱子，其中 40% 的珠子是蓝色的，60% 是红色的。有一天你怀疑有人从箱子里偷走了一些蓝色弹珠。你无法直接验证你的怀疑，因为有太多的弹珠要数。所以你决定取一个样本。你从箱子里随机拿出 100 颗弹珠，惊慌地发现只有 36 颗是蓝色的。你是否应该把这个结果当作有人从箱子里偷了一些蓝色弹珠的证据？

统计学家已经开发出一种计算此类事件"p 值"的方法，p 值是该事件完全偶然发生的概率。在这个特定例子中，当箱子里 40% 的弹珠是蓝色的，而你拿出 100 个，结果拿到 36 个或更少蓝色弹珠的概率是 25%。统计学家并不认为这是证明部分弹珠被盗的有力证据。然而，如果 p 值小于 5%，他们会说结果是"明显的"，蓝色弹珠减少的数量超过了单纯随机的预期值。

在《老天保佑：运气，机会，以及万物的意义》（*Knock on Wood: Luck, Chance, and the Meaning of Everything*）一书中，统计学家杰弗里·罗森塔尔（Jeffrey Rosenthal）提出了一系列问题——如果你想知道某件事是纯粹出于运气发生的，还是应该寻找原因，你可以问这些问题。罗森塔尔写道："如果我们能弄清楚哪些幸运事件只是随机的运气，哪些是由实际的科学因素造成的——哪些可以受调控，哪些不会——那么我们就能做出更好的决定，采取更合理的行动，并更好地理解我们周围的世界。"[12]

为展示 p 值的重要性，罗森塔尔检视了许多政治家和权威媒体人士的一个主张，即全球变暖是一个骗局，所以我们不需要减少碳排放量。支持这一观点的关键论点之一是，虽然世界近年来变暖了，但这只是一种没有原因的随机统计波动。罗森塔尔做了一些计算来评估这一说法：

> 利用美国国家航空航天局（NASA）的数据，我计算出 1980 年 ~ 2016 年 37 年间的平均气温比 1880 年 ~ 1916 年 37 年间的平均气温高 0.74 摄氏度（1.33 华氏度）。这是一个相当大的差别。但它在统计上有显著意义吗？是的！相应的 p 值（仅凭运气产生这种差异的概率）小于千万亿分之一，因此它肯定不是运气造成的。[13]

罗森塔尔还指出，从 1980 年到 2016 年，全球平均气温上升了近 1 摄氏度，这一事件的 p 值也不到千万亿分之一。根据罗森塔尔的说法，这表明"毫无疑问，从统计意义上来说，每年全球气温的上升确实具有高度的显著性，而不仅仅是运气问题。"

绝大多数可信的气候科学家认为，如果我们这代人不大幅减少碳排放，最终造成的死亡人数和破坏程度将远超第二次世界大战的所有战役。如此多的选民被非专家说服，认为我们不应该采取任何预防措施来避免潜在的灾难。这一事实表明，我们在思考这个时代最重要的问题时，准备有多么匮乏。在日常生活中，我们都知道，不需要确定事故一定会发生才会采取行动以减少事故发生的风险。如果一个城市里 98% 的土木工程师都说一座桥要塌了，那么即使有 2% 的工程师说桥是安全的，也没有哪个神智正常的人会去试着过桥。一个政治家如果让人们载着孩子开车过桥，并声称因为关闭这座桥可能会迫使人们走不同的路线去上班，或寻求一份不同的工作，或是因为这个事情是其他政治家的一个骗局，那么，我们会觉得他们不适合担任公职。

如果我们理解了风险的数学原理，我们就能在无法确定和难以达成共识的情况下做出更好的决策。我希望有一天，我们会认为，那些没有资格对科学问题发表评论的政治家或专家——因为他们显然不懂数学——犯下了傲慢或贪赃枉法的罪过。

数学是一个几乎不可能制造假新闻的领域。数学家偶尔会犯错误，但通常很快就会被他们的同行发现。因为所有的数学都可以从每个人都知道的基本原理推导出来，所以我们对数学真理比其他任何种类的真理都更加确定。因此，明智的做法是在这个基础上建立我们所有的信仰，进行我们所有的辩论。如果每个公民都有良好的数学知识，我们所有的对话都可以从人们共同信念的深井里汲取，而不必浪费这么多时间就事实辩论或者争论富有成效的方法。

在一个重视并促进智力平等的社会中，普通公民将理解科学方法的重要性，并且知道如何理解涉及数字的主张。他们将能够构建有效且符合逻辑的论点，并将更多地基于数据和理性做出经济和政治决策，而不是基于假新闻、误导性广告和似是而非的诡辩。

教育的未来

我希望这本书中提供的例子能给你信心，让你相信通过刻意练习来训练学生像数学家一样思考是可能的。虽然我认为，培训学生解决国际象棋问题与培训他们解决数学竞赛问题是相似的，但我也相信，数学中的刻意练习有四个特征，有别于其他大多数领域的类似训练。这些差异使得在数学中使用刻意练习的前景特别令人期待。

1. 通常，人们通过刻意练习而获得的许多技能（如安德斯·埃里克森在《刻意练习》中描述的那些），并不能被迁移到更多的领域中去。例如，使用记忆术来记住超长数字串的人，记忆力并不一定比其他人更好；而那些接受专业高尔夫球教练指导以完善挥杆动作的人，也不会突然成为全能运动员。不同的是，当学生学会数学思维，他们学到的概念和思维方式可以应用于几乎所有学科或职业。

2. 有些技能只能通过刻意练习来培养，而且这种练习需要从很小的时候就开始。例如，榊原彩子（我们在第 4 章中提到过）发现，训练绝对音感的方法只对 7 岁以下的学生有效。但在我的教学过程中，或者在我读到的认知科学研究中，我还没有看到多少证据表明数学学习有年龄分界点。我直到 30 岁才开始数学本科的学习。虽然起步晚有一些劣势，但也有一些优势，因为成年人比孩子更专注、更自律。这意味着，即使是成年人，也有希望成为数学高手，或者至少，只需经过相对较小的努力就能达到合格。

3. 在《刻意练习》一书中，埃里克森指出，刻意的练习可能是乏味而累人的，也会占用大量的时间。当刻意练习者没有从教练那里得到反馈时，他们往往要花费大量时间独自磨炼技能，他们会感到孤独和孤立。这就是普通人不太可能通过刻意练习来学习任何东西的原因之一。而刻意的数学练习可以在小组中完美进行，这样学生们就能沉浸在同学们的兴奋中。当学生们在小组中学习数学时，他们认为这是有趣的，而不是累人的。此外，人们需要在学校学习多年数学。因此，妨碍大多数人成为优秀国际象棋选手或高尔夫球手的障碍，其实并不会妨碍他们成为数学高手。

4. 在某些领域，一个人通过刻意练习所能学到的东西，可能会被身体或大脑的条件严格限制。如果一个人个子矮小，他可能永远也成不了伟大的篮球运动员（尽管在 NBA 也有一些例外）。遗传因素可能对数学成绩有一些影响，但即使是这样，我很怀疑这种影响到底有多大。对于教育工作者而言，主要问题是：我们如何帮助人们培养学习数学所需的动力和毅力？爱因斯坦声称，他的成功不是因为他比其他科学家更聪明，而是因为他在问题上坚持的时间更长。

许多人认为，像基于平板电脑的课程和评估等这类新的教育技术，是我们在学校实现更好成果的最大希望。我不怀疑技术最终将对教育产生积极影响，但目前，这些干预措施在课堂上的有效性的证据是含混不清的。[14] 在我们过度投资新技术之前，明智的做法是进行严格的研究，将时尚与真正的创新区分开来。否则，我们很可能会重复过去犯过的错误，当时我们大规模采用昂贵的、营销良好的教科书项目，尽管没有多少证据支持它们。

我们应该要小心，不要被新技术带来的兴奋分散注意力，而忽视了已有的更便宜实用的解决方案。玛丽·简·莫罗在课堂上只用铅笔和纸就取得了非凡的成果。

技术倡导者经常说，新技术最终将允许我们"定制"或"个性化"教育，以便学生按照自己的步调实现进步。但是，如果绝大多数学生都能以大致相同的速度前进会怎样呢？对个性化教育的追求，是否会阻碍我们善用学生们同一时间学习同样东西时感受到的非凡快乐和兴奋呢？在我们决定哪种教学形式对学生最有益之前，我们需要严格的研究来回答这些问题。

许多人对"混合学习"的前景感到兴奋，这是一种基于计算机的教学方法，因学生在学校花费大量时间在计算机上接受辅导（有时选择自己的课程路径）而流行起来。尽管这些项目没有经过很多严格的测试，但它们在媒体上已被描绘成将打破游戏规则、改变我们学校的创新。我相信，就像那些曾激发学校大规模采用基于发现的探索式教学一样，这些方法背后的一些假设也可能是有问题的（特别是在短期内）。虽然这些假设似乎是进步的、为学生赋能的，但它们可能有一些混合式学习计划的倡导者没有预见的缺点。我在下面提出的问题可能相对容易解决，但至少是值得考虑的。

个性化学习的一个缺点是，当人们选择认为有效的学习或研究方法时，他们经常做出糟糕的选择。正如心理学家亨利·罗迪格（Henry Roediger）和马克·麦克丹尼尔（Mark McDaniel）所解释的那样："我们容易受到错觉和误判的影响，这应该让我们所有人都三思，尤其是那些对'学生自主学习'的鼓吹……那些采用最无效学习策略的学生往往大大高估自己的所学，他们错误的自信也导致他们不愿改变自己的习惯。"[15]初学者不仅容易选择无效的学习方法，也难以知道自己需要获得哪些技能或知识才能成为某一领域的专家。

个性化学习的另一个缺点是，基于平板电脑的教育程序（目前）不是人工智能的。因此，当学生不能回答问题或理解计算机给出的解释时，教师需要进行干预。但研究表明，许多教师并不擅长解释数学概念、评估学生的知识，或者为有困难的学生提供补习——即使班上所有的学生都在进行同一主题的学习。这就是为什么JUMP创建了详细而严格的脚手架式课程——一次只关注一个主题——这样老师就能在授课时深入学习数学。在学生同一时间学习许多不同主题的教室里，加上电脑也不是人工智能的，即便是一个规模很小的班级，一般的老师也不太可能实施有效的干预。

在教室里，所有的学生都在电脑上学习不同的主题，老师也很难制造我在第6章中描述的群体兴奋或集体沸腾。而这种兴奋感有助于学生的大脑更好地工作，对学习来说也是至关重要的。

我相信，在短期内，在课堂上使用技术的最佳方式是将教师（而不是技术）置于课程的中心，并让学生用相同的材料继续学习，而不是让他们各自在不同的主题上学习。在这个模型中，技术主要是为了让教师更高效，帮助他们评估当下哪些学生学得更快，为每个学生提供量身定做的附加题（在不让学生进入全新主题也不抑制班级集体兴奋的情况下）。这项技术还可以让学生自己做更多的复习或探索丰富的主题，同时仍然容许大家一起学习核心课程。该技术甚至可以为教师提供专业发展（通过互动教学计划、视频和辅导），并帮助学校系统更快地传播以坚实研究为基础的教学方法。JUMP Math 的教学计划形式，可以让教师在交互式数字白板上使用，我们还计划将学生资源数字化。

许多优秀的在线个性化辅导项目已经在帮助成年人学习新技能，或帮助有上进心的学生学习新科目。随着个性化学习计划有效性的增加，它们最终可能会以我们现在无法想象的方式取代教师或提高教师的工作效率。但在这些项目得到显著改善之前，在将其广泛实施于课堂之前，我们最好先进行严格的测试。

一些在线项目，如"光度"（Luminosity）声称，人们可以通过玩"大脑训练"游戏，显著改善总体认知功能。然而，2017年，Luminosity 曾遭到美国食品和药物管理局（FDA）罚款，并撤销其产品可以帮助人们培养可迁移的心理技能的说法。[16]最近的一项综合分析发现，几乎没有证据表明，玩商业在线游戏能够帮助人们发展超出游戏本身领域的认知能力。[17] 这主要是因为，任何领域的问题解决和概念性工作都需要大量特定领域的知识和专业技能。

我相信，我在大学里接受的训练，以及我自己在文学、哲学和数学方面的所学，的确能进行广泛的迁移：它们已帮助我在许多不同领域迅速解决问题和学习新概念。然而，除非我们找到方法使用一种尚未发明出来的药物、神经植入物或认知训练方法，以增强我们大脑的表现，否则任何人的大脑都不太可能比训练有素的艺术家或科学家的大脑更有工作效率。因此，就目前而言，训练学生大脑的最好方法，可能是使用有证据支持的教学方法，给他们一个全面的教育。正如心理学家伊丽莎白·斯廷 – 莫罗（Elizabeth Stine-Morrow）所言："对于'大脑训练有用吗？'这种问题，我的戏谑回答是'是的，它叫学校。'"

虽然新技术无疑会帮助我们改善教育状况，但像玛丽·简·莫罗这样的教师已经表明，我们不必等待完美计算机程序的发展来引发彻底的改变。如果我们现在将花在无效教育资源与实践上的大量资金，转移到帮助教师采用基于证据的最有效教学方法上，就可以在很短的时间内显著改善教育成果，并创建一个更加繁荣和包容的社会，即便是在世界上部分技术比较落后的地区，也可以实现。

虽然我在这本书中关注的是数学，但关于学习的研究适用于每一门学科。很明显，我所讨论的教学方法可以用于科学教学；人们在科学和数学领域的思考方式与做出发现的方式，实际上是相同的。我也用类似的方法教授过哲学、文学甚至创意写作。找到方法帮助人们变得更善于表达和更有想象力，显然有益于我们的社会。参与艺术活动还有更深层次的好处。哲学家理查德·罗蒂（Richard Rorty）说过，文学和哲学对生活的最大贡献之一，就是帮助我们理解和感受作为另一个人是什么样子。只有数学和科学的话是无法做到这一点的。历史上的许多大恶棍，比如纳粹，可能擅长数学，但他们缺乏同理心，无法理解什么是正派的人。

找到心流

世界经济论坛（World Economic Forum）2015 年发布的一项研究称，到 2025 年，有 45% 的工作岗位面临高度自动化的风险。[18]工作性质的迅速变化可能会导致财富更加集中，并淘汰许多有助于赋予人们生活意义的工作。为了生存和繁荣，我们可能需要找到一种使命感，这种使命感不太依赖于我们生产物质产品或积累物质财富的能力。

我们在生活中找到更多意义的一种方法，就是发挥能力让我们自己保持在一种被心理学家米哈里·契克森米哈赖

（Mihaly Csikszentmihalyi）称为"心流"（flow）的状态中。这意味着"完全为了一项活动本身而投入其中，自我消失了。时间飞逝，每一个行为、移动和思想都必然地跟随前一个动作，就像演奏爵士乐一般。你全身心地投入其中，最大限度地运用自己的技能。"[19]

伟大的艺术家和科学家一生中的许多时间都处于"心流"状态。爱因斯坦经常用欣快或宗教的词汇来描述他的工作："所有宗教、艺术和科学都是同一棵树的分支。所有这些愿望都是为了使人的生命变得高贵，使它脱离纯粹物质存在的范围，并引领个人走向自由。"

如果我们能够充分发挥我们的智力和艺术潜能，我们最深刻的使命感可能来自对存在之美丽与神秘的沉思和体验——带着如孩童一般对奇迹的开放态度。我们以这种方式热爱，同时通过艺术和科学的镜头来观察和欣赏生活的方方面面的能力，可能是我们永远比机器做得更好的一件事。找到新的快乐和满足感的来源，而非依赖于毫无意义的竞争与盲目的消费，也可能让我们以一种地球能够负担的方式生活。

当我看到我们正在快速撕裂脆弱的生命网络，我体验到的痛苦和焦虑比多数人的感受更深，也许是因为我的数学训练让我明白那网络的复杂性和美丽，以及当它支离破碎时修复起来将有多么困难。除了让大气和海洋充满有害化学物质和塑料外，我们还日益受到物质世界的制约，因为地球上留给我们的可占用物理空间已经不多了。如果我们继续坚持占有更大份额的空间，如果富人继续聚积和破坏超出份额的土地，当我们不可挽回地破坏这个世界，我们可能遭受破坏性的社会动荡。

幸运的是，我们的心灵所能栖息的空间是无限的。这个巨大的、无形的世界充满了无价的精神地产，其中的大厦和结构有着难以形容的美丽，其中任何一个都可以同时有大量的租户居住。

较之移民火星以回避我们最严重的问题，我们可以在地球上找到一个新家，在这里，社会的每一个成员都有权过丰富与丰盛的生活，每一个经济体都基于丰饶与分享，而非稀缺与贪婪，只要我们培养好存在于我们所有人之内的隐藏的潜能。

参考文献

第1章

[1] Philip Ross, "The Expert Mind," *Scientific American,* August 2006.

[2] "Mathematics Literacy: Proficiency Levels (2015)," Programme for International Student Assessment (PISA), National Center for Education Statistics, https://nces.ed.gov /surveys/pisa/pisa2015/pisa 2015 highlights_5a_1.asp.

[3] Janet Steffenhagen, "Jump Math Changed My Life: Vancouver Teacher Says," *Vancouver Sun,* September 13, 2011.

[4] Ibid.

[5] F. W. Chu, K. vanMarle, and David C. Geary, "Early Numerical Foundations of Young Childrens' Mathematical Development," *Journal of Experimental Child Psychology* 132 (April 2015): 205‒12; Greg J. Duncan et al., "School Readiness and Later Achievement," *Developmental Psychology* 43, no. 6 (November 2007): 1428‒46; David C. Geary et al., "Adolescents' Functional Numeracy Is Predicted by Their School

Entry Number System Knowledge," *PLoS ONE* 8, no. 1 (January 30, 2013): e5461; Melissa E. Libertus, Lisa Feigenson, and Justin Halberda, "Preschool Acuity of the Approximate Number System Correlates with Math Abilities," *Developmental Science* 14, no. 6 (August 2, 2011): 1292–1300; Michèle M. M. Mazzocco, Lisa Feigenson, and Justin Halberda, "Preschoolers' Precision of the Approximate Number System Predicts Later School Mathematics Performance," *PLoS ONE* 6 (September 14, 2011): e23749.

[6] Gavin R. Price and Daniel Ansari, "Symbol Processing in the Left Angular Gyrus: Evidence from Passive Perception of Digits," *Neuroimage* 57, no. 3 (August 1, 2011): 1205–11.

[7] Roland H. Grabner et al., "Brain Correlates of Mathematical Competence in Processing Mathematical Representations," *Frontiers in Human Neuroscience* 5 (November 4, 2011): 130.

第 2 章

[1] Gerd Gigerenzer, "Smart Heuristics," in *Thinking*, ed. John Brockman (New York: HarperCollins, 2013).

[2] President's Council of Advisors on Science and Technology, *Engage to Excel: Producing One Million Additional College Graduates with Degrees in Science, Technology, Engineering, and Mathematics* (Executive Office of the President, February 2012).

[3] "Just the Facts: Consumer Bankruptcy Filings, 20062017," United States Courts, published March 7, 2018, https://www.uscourts.gov/news/2018/03/07/just-facts-consumer-bankruptcy-filings-2006-2017; "Statistics and Research," Office of the Superintendent of Bankruptcy Canada, Government of Canada, modified May 13, 2019, https://www.ic.gc.ca/eic/site/bsf-osb.nsf/eng/h_br01011 .html.

[4] Duncan et al., "School Readiness and Later Achievement."

[5] Elisa Romano et al., "School Readiness and Later Achievement: Replication and Extension Using a Canadian National Survey," *Developmental Psychology* 46, no. 5 (September 2010): 995–1007; Linda S. Pagani et al., "School Readiness and Later Achievement: A French Canadian Replication and Extension," *Developmental Psychology* 46, no. 5 (September 2010): 984–94.

[6] Samantha Parsons and John Bynner, *Does Numeracy Matter More?* (London: National Research and Development Centre for Adult Literacy and Numeracy, 2005).

[7] Isaac M. Lipkus and Ellen Peters, "Understanding the Role of Numeracy in Health: Proposed Theoretical Framework and Practical Insights," *Health Education & Behavior* 36, no. 6 (December 2009).

[8] Valerie F. Reyna et al., "How Numeracy Influences Risk Comprehension and Medical Decision Making," *Psychological Bulletin* 135, no. 6 (November 2009).

[9] "Could Mental Math Boost Emotional Health?" EurekAlert! American Association for the Advancement of Science, published October 10, 2016,

https://www.eurekalert.org/pub_releases/2016-10/du-cmm101016.php.

[10] Steve Liesman, " 'Math Has a Habit of Not Going Away' Economists Worry Donald Trump Seems to Be Ignoring Them," CNBC, January 12, 2017.

[11] Daniel J. Levitin, *A Field Guide to Lies: Critical Thinking in the Information Age* (Boston: Dutton, 2016), 9.

[12] David Shenk, The Genius in All of Us: *New Insights into Genetics, Talent, and IQ* (New York: Anchor, 2011), 88.

[13] Rachel Carson, *The Sense of Wonder* (Open Road Media, 2011).

第 3 章

[1] Allyson P. Mackey et al., "Differential Effects of Reasoning and Speed Training in Children," *Developmental Science* 14, no. 3 (May 2011): 582–90.

[2] Shenk, *The Genius in All of Us,* 16.

[3] Eleanor A. Maguire et al., "Navigation-Related Change in the Hippocampi of Taxi Drivers," *Proceedings of the National Academy of Sciences of the United States of America* 97, no. 8 (April 11, 2000): 4398–403.

[4] Bogdan Draganski et al., "Neuroplasticity: Changes in Grey Matter Induced by Training," *Nature* 427, no. 6972 (January 22, 2004): 311–12; Allyson P. Mackey, Alison T. Miller Singley, and Silvia A. Bunge, "Intensive Reasoning Training Alters Patterns of Brain Connectivity at

Rest," *Journal of Neuroscience* 33, no. 11 (March 13, 2013): 4796–803.

[5] Carol S. Dweck, "The Secret to Raising Smart Kids," *Scientific American Mind* 18, no. 6 (December 2007): 36–43.

[6] "JUMP Math in the Classroom," JUMP Math, September 28, 2016, video, https://jumpmath.org/jump/en/jump_home.

[7] Marie Amalric and Stanislas Dehaene, "Origins of the Brain Networks for Advanced Mathematics in Expert Mathematicians," *Proceedings of the National Academy of Sciences of the United States of America* 113, no. 18 (May 3, 2016): 4909–17.

[8] Jordana Cepelewicz, "How Does a Mathematician's Brain Differ from That of a Mere Mortal?" *Scientific American,* April 12, 2016.

[9] Jennifer A. Kaminski and Vladimir M. Sloutsky, "Extraneous Perceptual Information Interferes with Children's Acquisition of Mathematical Knowledge," *Journal of Educational Psychology* 105, no. 2 (May 2013): 351–63.

[10] David H. Uttal et al., "The Malleability of Spatial Skills: A Meta-analysis of Training Studies," *Psychological Bulletin* 139, no. 2 (March 2013): 352–402.

[11] Shenk, *The Genius in All of Us,* 29.

[12] The term "structured inquiry" was suggested to me by Brent Davis, who is a Distinguished Research Chair in Mathematics Education at the University of Calgary. I discuss his work in chapter five.

第4章

[1] Anders Ericsson and Robert Pool, *Peak: How to Master Almost Anything* (New York: Viking, 2016), xiv.

[2] Daniel T. Willingham, *Why Don't Students Like School? A Cognitive Scientist Answers Questions about How the Mind Works and What It Means for the Classroom* (San Francisco: Jossey-Bass, 2009), 3.

[3] Ibid., 133.

[4] Ibid., 3.

[5] Amy Bastian, "Children's Brains Are Different," in *Think Tank: Forty Neuroscientists Explore the Biological Roots of Human Experience,* ed. David J. Linden (London: Yale University Press, 2018) excerpted in *Johns Hopkins Magazine* (Summer 2018), https://hub.jhu.edu/magazine /2018/ summer/human-brain-science-essays/.

[6] Bastian, "Children's Brains Are Different."

[7] @OctopusCaveman, Twitter, August 26, 2018, 7:56 a.m., https://twitter. com/octopuscaveman/status /1033578911697784832, included in "18 Parent Tweets That Basically Sum Up Having Kids," BrightSide, September 16, 2018.

[8] Ericsson and Pool, *Peak,* 172.

[9] Ashutosh Jogalekar, "Richard Feynman's Sister Joan's Advice to Him: 'Imagine You're a Student Again,'" *The Curious Wavefunction,* April 2, 2017, http://wavefunction.fieldofscience.com/2017/04/richard-feynmans-sister-joans -advice-to.html.

[10] Adam Grant, Originals: *How Non-conformists Move the World* (New York: Penguin Books, 2016), 9.

第5章

[1] "Our Story," ResearchED, https://researched.org.uk/about/our-story/.

[2] Barak Rosenshine, "Principles of Instruction: Research-Based Strategies That All Teachers Should Know," *American Educator* 36, no. 1 (Spring 2012): 12.

[3] E. D. Hirsch Jr., *Why Knowledge Matters: Rescuing Our Children from Failed Educational Theories* (Cambridge, MA: Harvard Education Press Group, 2016), 88.

[4] Daniel T. Willingham, *The Reading Mind: A Cognitive Approach to Understanding How the Mind Reads* (San Francisco: Jossey-Bass, 2017), 110.

[5] Hirsch, *Why Knowledge Matters,* 89.

[6] K. Anders Ericsson, "An Introduction to *The Cambridge Handbook of Expertise and Expert Performance:* Its Development, Organization, and Content," in The Cambridge Handbook of Expertise and Expert Performance, ed. K. Anders Ericsson (Cambridge: Cambridge University Press, 2012), 13.

[7] John R. Anderson, Lynne M. Reder, and Herbert A. Simon, "Applications and Misapplications of Cognitive Psychology to Mathematics Education,"

Texas Education Review (Summer 2000): 13.

[8] John Dunlosky et al., "The Science of Better Learning: What Works, What Doesn't," *Scientific American Mind* (September 2013): 43.

[9] D. Rohrer and K. Taylor, "The Shuffling of Mathematics Problems Improves Learning," *Instructional Science* 35, no. 6 (2007): 481–98.

[10] Paul A. Kirschner, John Sweller, and Richard E. Clark, "Why Minimal Guidance during Instruction Does Not Work: An Analysis of the Failure of Constructivist, Discovery, Problem-Based, Experiential, and Inquiry-Based Teaching," *Educational Psychologist* 41, no. 2 (June 2006): 75–86.

[11] Louis Alfieri et al., "Does Discovery-Based Instruction Enhance Learning?" *Journal of Educational Psychology* 103, no. 1 (February 2011): 1–18.

[12] Armando Paulino Preciado-Babb, Martina Metz, and Brent Davis, "The RaPID Approach for Teaching Mathematics: An Effective, Evidence-Based Model," University of Calgary Paper presented at the Canadian Society for the Study of Education Annual Conference, University of British Columbia, Vancouver, BC (June 1–5, 2019). (The paper is available on ResearchGate.) The research partnership between JUMP Math and the University of Calgary is called "Math Minds." According to the researchers, good teachers (or good resources) "unravel" concepts into smaller conceptual threads and then help students notice connections between the threads and concepts they have learned previously. They also help students weave the threads into coherent conceptual wholes. For example, in the long division lesson described in chapter 4, I help

students notice the connection between the numbers in the long division algorithm and the numbers in their diagrams and the connection between the "bring down" step and the regrouping of the pennies. In this book I have used the word "steps" when I describe how I break concepts into more manageable chunks for students (because the word is familiar), but the researchers avoid this term, as they feel it doesn't fully describe the process of teaching, or even how JUMP lessons are structured. They prefer the metaphor of conceptual threads.

[13] Benjamin S. Bloom, "The 2 Sigma Problem: The Search for Methods of Group Instruction as Effective as One-to-One Tutoring," *Educational Researcher* 13, no. 6 (June 1984): 4–16.

[14] Thomas R. Guskey, "Lessons of Mastery Learning," *Educational Leadership: Interventions That Work* 68, no. 2 (October 2010): 52–57; Stephen A. Anderson, "Synthesis of Research on Mastery Learning," ERIC Document Reproduction Service No. ED 382567 (November 1, 1994); Thomas R. Guskey and Therese D. Pigott, "Research on Group-Based Mastery Learning Programs: A Meta-analysis," *Journal of Educational Research* 81, no. 4 (March 1988): 197–216; Chen-Lin C. Kulik, James A. Kulik, and Robert L. Bangert-Drowns, "Effectiveness of Mastery Learning Programs: A Meta-analysis," *Review of Educational Research* 60, no. 2 (June 1, 1990): 265–99.

[15] Kate Wong, "Jane of the Jungle," *Scientific American* 303, no. 6 (December 2010): 86–87.

[16] https://www.poemhunter.com/poem/to-posterity/ (trans. H. R. Hays).

第6章

[1] Peter C. Brown, Henry L. Roediger III, and Mark A. McDaniel, *Make It Stick: The Science of Successful Learning* (Cambridge, MA: Harvard University Press, 2014), 145–46.

[2] Willingham, *Why Don't Students Like School,* 56.

[3] Ibid., 163.

[4] Daniel Pink, Drive: *The Surprising Truth about What Motivates Us* (New York: Riverhead Books, 2009), 7.

[5] Ibid., 8.

[6] Deborah Stipek, "Success in School—for a Head Start in Life," in *Developmental Psychopathology: Perspectives on Adjustment, Risk, and Disorder,* ed. Suniya S. Luthar et al. (Cambridge: Cambridge University Press, 1997), 80.

[7] Sian L. Beilock et al., "Female Teachers' Math Anxiety Affects Girls' Math Achievements," *Proceedings of the National Academy of Sciences of the United States of America* 107, no. 5 (February 2, 2010): 1860–63.

第7章

[1] Friedrich Nietzsche, Menschliches, *Allzumenschliches (Human, All-Too-Human),* 1878, cited in Shenk, The Genius in All of Us, 48.

[2] Beethoven quoted in Shenk, *The Genius in All of Us,* 48.

[3] Dean Simonton, "Your Inner Genius," *Scientific American Mind* 23, no. 4 (Winter 2015): 7.

[4] Grant, *Originals,* 172.

[5] Leonardo da Vinci's diaries cited in Michael J. Gelb, *How to Think Like Leonardo da Vinci: Seven Steps to Genius Every Day* (New York: Delacorte Press, 1998), 50.

[6] Todd Kashdan et al., "The Five Dimensions of Curiosity," *Harvard Business Review* (September–October 2018): 59–60.

[7] Ibid., 59.

[8] Claudio Fernández-Aráoz, Andrew Roscoe, and Kentaro Aramaki, "From Curious to Competent," *Harvard Business Review* (September–October 2018).

[9] Frank Dumont, *A History of Personality Psychology: Theory, Science, and Research from Hellenism to the TwentyFirst Century* (Cambridge: Cambridge University Press, 2010): 474.

[10] Celeste Kidd and Benjamin Y. Hayden, "The Psychology and Neuroscience of Curiosity," *Neuron* 88, no. 3 (November 4, 2015): 449–60.

[11] E. Marti-Bromberg et al., "Midbrain Dopamine Neurons Signal Preference for Advance Information about Upcoming Rewards," *Neuron* 63, no. 1 (July 2009): 119–26.

[12] Lewis Campbell and William Garnett, *The Life of James Clerk Maxwell* (London: Macmillan, 1882).

[13] "Keep It Simple?," editorial, *Nature Physics* 7 (June 1, 2011), https://doi.org/10.1038/nphys2024.

[14] Mary L. Gick and Keith J. Holyoak, "Analogical Problem Solving," *Cognitive Psychology* 12 (1980): 351.

[15] Dedre Gentner and Jeffrey Lowenstein, "Learning: Analogical Reasoning," in *Encyclopedia of Education,* 2nd ed., ed. James W. Guthrie (New York: Macmillan, 2003).

[16] Dedre Gentner, "Structure-Mapping: A Theoretical Framework for Analogy," *Cognitive Science* 7, no. 2 (April 1983): 155–70.

[17] M. Vendetti et al., "Analogical Reasoning in the Classroom: Insights from Cognitive Science," *Mind, Brain and Education* 9, no. 2 (June 2015): 100–106, block quote from p.103 references Lindsey E. Richland and Ian M. McDonough, "Learning by Analogy: Discriminating between Potential Analogs," *Contemporary Educational Psychology* 35, no. 1 (January 2010): 28–43.

[18] Vendetti et al., "Analogical Reasoning in the Classroom." See also: Dedre Gentner, Nina Simms, and Stephen Flusberg, "Relational Language Helps Children Reason Analogically," in *Proceedings of the 31st Annual Conference of the Cognitive Science Society,* ed. Niels A. Taatgen and Hedderick van Rijn (Cognitive Science Society, 2009), 1054–59; Benjamin D. Jee et al., "Finding Faults: Analogical Comparison Supports Spatial Concept Learning in Geoscience," *Cognitive Processing* 14, no. 2 (May 2013): 175–87; Bryan J. Matlen, "ComparisonBased Learning in Science Education," unpublished doctoral dissertation (Carnegie Mellon

University, 2013); Norma Ming, "Analogies vs. Contrasts: A Comparison of Their Learning Benefits," in *Proceedings of the Second International Conference on Analogy,* ed. Boicho Kokinov, Keith Holyoak, and Dedre Gentner (Sofia, Bulgaria: New Bulgarian University Press, 2009), 338–47; Linsey Smith et al., "Mechanisms of Spatial Learning: Teaching Children Geometric Categories," *Spatial Cognition* 9 (2014): 325–37.

[19] Nicole M. McNeil, David H. Utta, Linda Jarvin, and Robert J. Sternberg, "Should You Show Me the Money? Concrete Objects Both Hurt and Help Performance on Mathematics Problems," *Learning and Instruction* 19 (2009): 171–84.

[20] Raj Chetty, John N. Friedman, and Jonah E. Rockoff, "Measuring the Impact of Teachers II: Teacher Value-Added and Students' Outcomes in Adulthood," *American Economic Review* 104, no. 9 (2014): 2633–79.

[21] Grant, *Originals,* 23.

[22] Ibid., 24.

[23] Ibid., 163–64.

第 8 章

[1] Kurt Kleiner, "Why Smart People Do Stupid Things," *University of Toronto Magazine* (Summer 2009): 36.

[2] Keith E. Stanovich, "The Comprehensive Assessment of Rational Thinking," *Educational Psychologist* 51, no. 1 (2016): 1–10.

[3] Ibid., 7.

[4] Kleiner, "Why Smart People Do Stupid Things," 36.

[5] Daniel Kahneman, *Thinking, Fast and Slow* (Toronto: Anchor Canada, 2011), 364.

[6] Ibid., 367.

[7] Ibid., 158.

[8] Ibid., 8.

[9] Carole Cadwalladr, "'I Made Steve Bannon's Psychological Warfare Tool': Meet the Data War Whistleblower," *Guardian,* March 18, 2018.

[10] Levitin, *A Field Guide to Lies,* 10.

[11] Ibid., 6.

[12] Jeffrey S. Rosenthal, *Knock on Wood: Luck, Chance, and the Meaning of Everything* (New York: HarperCollins, 2018), 13.

[13] Ibid., 126.

[14] For example, in an article in the *Hechinger Report* in July 2019, computer scientist and educator Neil Heffernan says: "...studies have shown that student-paced learning tools may sometimes exacerbate achievement gaps. A 2013 meta-analysis by Duke University researchers of 23 studies examining the efficacy of 'intelligent' tutoring systems showed that self-paced education technology that personalizes learning for each student worsens achievement gaps by allowing already highly motivated students to progress while leaving unmotivated students in the dust. On the other hand, this same meta-analysis showed that systems that were part of a teacher-led homework routine did not worsen

achievement gaps and led to increased student learning. Nightly online homework, monitored by a teacher, may help to close achievement gaps."

[15] Brown, Roediger, and McDaniel, *Make It Stick,* 123–24.

[16] Ed Yong, "The Weak Evidence behind Brain-Training Games," *Atlantic,* October 3, 2016, https://www .theatlantic.com/science/archive/2016/10/ the-weak-evidence-behind-brain-training-games/502559/.

[17] Ibid.

[18] Kathleen Elkins, "The Radical Solution to Robots Taking Our Jobs," World Economic Forum, June 9, 2015, https://www.weforum.org/ agenda/2015/06/the-radical-solution-to-robots-taking-our-jobs/.

[19] John Geirland, "Go with the Flow," *Wired,* September 1, 1996.

附 录

如何做复数乘法

How to Multiply Complex Numbers

回忆一下，第 7 章中提到，每一个复数有两部分。复数（5，3/4）的第一部分是 5，第二部分是 3/4。

设（a, b）与（c, d）是一对复数（其中 a、b、c、d 都是实数）。为得到它们的乘积，你必须算出其第一部分与第二部分。乘积的第一部分由表达式 a × c − b × d 给出。第二部分等于 a × d + b × c。另一种表示方式是：

$$(a, b) × (c, d) = (a × c − b × d, a × d + b × c)$$

例如，（1, 5）与（2, 3）的乘积算法如下：

$$（1,5）×（2,3）=（1 × 2 - 5 × 3, 1 × 3 + 5 × 2）=（2$$
$$-15, 3 + 10）=（-13, 13）$$

回忆一下，复数（3,0）等于实数3，复数（4,0）等于实数4。运用复数乘法的法则我们能看到，二数的乘积是（12,0）即12。

$$（3,0）×（4,0）=（3 × 4 - 0 × 0, 3 × 0 + 4 × 0）=（12 -$$
$$0, 0 + 0）=（12, 0）$$

当你将复数乘法法则运用于一对实数 a 和 b，乘积就是实数 a × b，或者用复数表示如下：

$$（a,0）×（b,0）=（a × b - 0 × 0, a × 0 + b × 0）=（a × b, 0）$$

在实数系统中，-1 没有平方根，因为没有实数乘以自身会得到 -1。然而，在复数系统中，（-1,0）的确有平方根。如果你运用复数乘法法则将（0,1）乘以自身，结果会是（-1,0）：

$$（0,1）×（0,1）=（0 × 0 - 1 × 1, 0 × 1 + 1 × 0）=（-1, 0）$$

因此，在复数系统中（0，1）是（-1，0）的平方根，每一个数都有一个平方根。这就是复数成为解决问题强有力工具的原因之一。当我们用复数做代数或处理方程时，我们可以求任何表达式的平方根而不必担心其结果是否有意义。

当你做涉及复数平方根的高等代数时，你无须担心结果是否有意义。在物理学的很多计算结果里，复数的第二坐标会退缩为 0，因此答案是一个实数。

作者简介

    约翰·麦顿是加拿大数学家、作家和 JUMP MATH 的创始人，JUMP MATH 是一个致力于帮助人们发挥其数学潜力的公益机构。约翰·麦顿拥有五个荣誉博士学位，曾荣获加拿大勋章，他是菲尔兹数学科学研究所的研究员，曾在多伦多大学教授数学。著有《才能的神话》（*The Myth of Ability*）和《无知的终结》（*The End of Ignorance*）。他也是一位剧作家，曾荣获著名的西米诺维奇戏剧奖，两次总督戏剧文学奖。麦顿还曾参演和数学有关的电影《心灵捕手》，饰演助教汤姆。

    麦顿在 30 多岁时开始辅导孩子们学习数学，当时他是一个经济拮据的剧作家。他用训练自己的方法去教孩子们学习数学。当他看到他的学生取得了老师和家长认为不可能取得的高水平的成功时，原本巨大的焦虑变成了一种激情。结合他自己的经历，以及多次目睹学生有极大学习潜力但被赋予低期望值的经历，麦顿相信每个人都拥有尚未开发的巨大潜力。这给了他信心，使他获得了多伦多大学的数学博士学位。后来，他获得了NSERC奖学金，从事组结理论和图论的博士后研究。

麦顿博士自己和他的学生在数学方面的经验催生了这样一种信念：人们普遍认为数学天赋是一种罕见的遗传天赋。这是一个迷思，造成了学生在数学方面成绩低下。他还认为，这种假设也导致许多小学教师普遍存在极大的数学焦虑。麦顿将证明任何人都有能力在数学上取得高成就视为一生的工作。

图书在版编目（CIP）数据

数学面前，人人平等：数学为何能让世界更美好 /
（加）约翰·麦顿（John Mighton）著；柒线译 . —上
海：上海社会科学院出版社，2022

书名原文：All Things Being Equal：Why Math Is
The Key To A Better World

ISBN 978 - 7 - 5520 - 3850 - 7

Ⅰ.①数…　Ⅱ.①约…　②柒…　Ⅲ.①数学教学—教
学研究　Ⅳ.① O1-4

中国版本图书馆 CIP 数据核字（2022）第 008739 号

上海市版权局著作权合同登记号：图字 09 - 2021 - 1129号

数学面前，人人平等：数学为何能让世界更美好

著　　者: ［加］约翰·麦顿（John Mighton）
译　　者: 柒　线
责任编辑: 杜颖颖
特约编辑: 贺　天
封面设计: @ 刘哲 _NewJoy
出版发行: 上海社会科学院出版社
　　　　　　上海市顺昌路 622 号　　邮编 200025
　　　　　　电话总机 021-63315947　销售热线 021-53063735
　　　　　　http://www.sassp.cn　　E-mail: sassp@sassp.cn
印　　刷: 天津旭丰源印刷有限公司
开　　本: 889 毫米 ×1194 毫米　　1/32
印　　张: 8
字　　数: 150 千
版　　次: 2022 年 3 月第 1 版　　2022 年 3 月第 1 次印刷

ISBN　978-7-5520-3850-7/O · 005　　　　　定价: 49.80 元